TRAITÉ

DE

L'ÉDUCATION

ÉCONOMIQUE

DES ABEILLES.

TRAITÉ

DE

L'ÉDUCATION

ÉCONOMIQUE

DES ABEILLES,

Par M. DUCARNE BLANGY.

NOUVELLE ÉDITION,

Dans laquelle on a retranché les longueurs du Dialogue, et à laquelle on a ajouté les nouvelles découvertes de M. Huber, avec leur application à la pratique de cet Art.

A PARIS,

Chez GUILLEMARD, Libraire, quai des Augustins, N°. 23, près du Pont St. Michel.

An X. — 1802.

PRÉFACE,

Ou quelques Observations préliminaires sur cet Ouvrage.

L'ÉDUCATION des abeilles consiste principalement en quatre points essentiels : 1°. à avoir des essaims ; 2°. à les avoir de bonne heure, ou dès le commencement de la bonne saison ; 3°. à prévenir leur perte pendant l'hiver, et principalement dans certains hivers longs et très-froids, qui n'arrivent pas effectivement tous les ans, mais qui, lorsqu'ils arrivent, pourroient détruire plus des trois quarts des ruches du cultivateur le mieux fourni. Dans ces hivers désastreux, on en auroit un mille, qu'on pourroit en perdre plus de

a

huit cents. J'en ai vu plusieurs de cette espèce pendant trente ans que je me suis appliqué particulièrement à l'éducation de cet insecte, et plusieurs autres cultivateurs m'ont confirmé la même chose. Ce point est essentiel. Ces sortes d'hivers ne viendront quelquefois que tous les huit, dix, et même douze ans; mais à la fin ils viendront, et vous perdrez presque toutes vos ruches en un seul hiver. On donne ici le remède, qui consiste à procurer beaucoup d'air aux ruches par-dessous; ce qui sembleroit être le contraire de la vérité, mais qui n'en est pas moins vrai. Cette découverte est l'une des plus importantes que j'aie faites. 4°. A prévenir le pillage. Objet beaucoup plus important qu'on ne le croit communément.

On donne ici plusieurs moyens pour se procurer des essaims artificiels ; mais le principal mérite de ces moyens consiste à pouvoir le faire avec des ruches de toute espèce , et particulièrement avec celles qui sont partout dans les campagnes , dont l'usage leur est familier , et qu'ils ne veulent pas abandonner , par la raison que ce que leurs pères ont fait ils le font. On a eu égard ici à leurs idées ou à leur foiblesse , en leur donnant le moyen de former eux-mêmes leurs essaims avec leurs ruches , quoiqu'avec un peu moins de facilité , en les transvasant. Sur quoi nous observons que quelques cultivateurs paroissent ne pas approuver cette opération , et entr'autres les citoyens Dubost et Lagrenée. Mais j'avoue qu'ayant vu faire nombre de fois, et fait moi-même souvent cette opération sans le moindre inconvénient, je ne peux m'empêcher de penser que ceux qui ne l'approuvent pas ne la font que parce qu'ils n'en ont point la pratique, et qu'ils n'en ont jamais fait même une première épreuve; car il suffit qu'on l'ait fait deux ou trois fois pour le faire ensuite un millier de fois sans la moindre difficulté. Le citoyen Lagrenée avance, avec une confiance sans bornes, que sur dix que vous ferez de ces transvasions, il en manquera neuf. Sur quoi je ne peux m'empêcher de penser qu'il faut donc que ce citoyen n'ait jamais vu de ruches de près que celles qu'il a vues dans Columelle, Pline ou Varron. C'est toute la réponse que me semble mériter une pareille assertion, contre laquelle on peut l'assurer, qu'au lieu d'en voir manquer neuf sur dix, il n'en manquera assurément pas dix sur cinq cents ; mais que quand il seroit vrai que sur dix elle ne réussiroit que neuf fois, elle n'en devroit pas être moins pratiquée. Ce qu'il y a de singulier, c'est que le citoyen Lagrenée avance cette assertion avec une assurance qui feroit presque penser qu'il l'a fait lui-même un millier de fois sans avoir réussi, et alors il faudroit que ce citoyen fût bien mal adroit ; et voilà comme le public se laisse abuser par des hommes peu instruits, qui lui donnent comme des vérités les plus certaines les faussetés les plus manifestes. Au reste, ce point n'est pas le seul où ce citoyen paroisse avoir donné dans l'erreur. Il y en vj

a quelques autres que nous pourrions faire connoître si c'en étoit
ici le lien (1).

La même raison nous empêche
de nous étendre ici sur la forme
des ruches de M. de la Rocca, que
nous n'avons pas cru devoir adopter
de préférence à celles qui sont
d'usage en France et ailleurs. Avec
celles de M. de la Rocca, il faut
avoir tous les jours la fumette à la
main pour pouvoir opérer sur ses
ruches. Or, avec cette gêne, on
pourroit opérer ici avec presqu'autant de facilité sur nos ruches ordinaires; car en les enfumant, on

____

(1) Cet auteur prétend démontrer, et
il le fait à sa façon, que, pour la multiplication de l'espèce, il vaut mieux
faire mourir tous les ans la moitié de ses
ruches que de les conserver, en se contentant de leur superflu.

fait tout ce qu'on veut. Nous croyons qu'on ne sauroit trop peu souvent employer ce moyen pour opérer sur les ruches; et celles qui sont composées de hausses, et qui peuvent être moins dispendieuses encore que celles de M. de la Rocca, nous paroissent mériter la préférence, sans compter la dépense et l'embarras de la muraille. Ce n'est pas que je ne les croie bonnes, mais les nôtres me paroissent mériter la préférence.

Peut-être aussi donnerons-nous plus tard quelques observations sur l'ouvrage de M. de la Rocca.

L'idée singulière du citoyen Dubost, dont la méthode avantageuse de gouverner les abeilles a été annoncée à Paris il y a quelques mois, et qui prétend que les abeilles ne se nourrissent pas de miel, mais qu'elles se contentent de l'incuber comme la poule couve ses œufs, ne nous a pas empêché de recommander d'en laisser toujours à bon compte une bonne provision aux ruches pour passer l'hiver, non dans l'intention de le leur faire couver, mais bien de le manger à leur appétit. Je ne pense pas que le système du cit. Dubost fasse jamais fortune.

TRAITÉ

TRAITÉ

DE

L'ÉDUCATION ÉCONOMIQUE

DES ABEILLES,

Auquel on a ajouté les nouvelles découvertes de M. Huber sur cet insecte.

CHAPITRE PREMIER.

Du choix des Abeilles. Achat des ruches.
Leur transport.

ON peut réduire les différentes espèces d'abeilles à trois. Les premières sont plus grosses et plus grandes, d'une couleur plus brune et plus foncée que les autres, elles ont été prises dans les bois, d'où on les a transplantées dans nos jardins. Les secondes sont d'une grosseur médiocre, mais elles sont noirâtres et d'une couleur obscure; elles sont également tirées des bois, et on dit qu'on a un peu de peine à les apprivoiser. Enfin, celles de la troisième espèce sont plus petites que toutes les autres; mais

A

elles sont polies, luisantes, d'un jaune aurore, vives d'ailleurs et sémillantes : cette dernière espèce est la meilleure, on les appelle *les petites Flamandes*, *les petites Hollandoises*, parce qu'elles viennent de la Flandre et de la Hollande; elles sont aujourd'hui très-communes par toute la France.

Voilà, au moins, ce que j'ai lu de ces trois espèces dans différents auteurs ; car j'avoue que quoique j'aie voyagé en Flandre, en Hollande et dans différents endroits de la France, je n'en ai jamais vu que d'une espèce, à quelques petites variétés près, et ce sont celles qu'on voit partout. Peut-être les petites dont il est ici parlé, sont-elles celles qui ont pris naissance dans de vieilles alvéoles, dont l'intérieur se trouvoit rétréci par les différentes enveloppes qu'y avoient laissées celles qui y avoient aussi pris naissance avant ces dernières.

Quant à l'achat des ruches, le meilleur est de ne le faire qu'après l'hiver, pour ne pas s'exposer aux risques de cette saison, qui est leur grand ennemi. On peut alors juger de leur état, et former des conjectures, plus qu'assurées sur leur travail et leur produit. On gagne beaucoup alors, en les payant même un tiers de plus.

On peut les acheter et les transporter, si la saison est favorable, dès le 15 de Février ; mais la bonne saison est depuis le 15 de Mars jusqu'au premier de Mai, pour toute la France et la Flandre et même pour la meilleure partie de la Hollande ; mais plutôt ou plus tard que le 15 de Février et de Mars, selon que le climat est plus ou moins hâtif.

En Provence, par exemple, peut-être pourroit-on les enlever dès le premier de Février, si le printemps est hâtif. C'est à ceux qui se trouvent dans ces différents climats, à se régler en conséquence ; on ne peut pas donner de règle positive à cet égard.

A Saint-Domingue, où il n'y a point d'hiver, on peut les enlever sans doute en tout temps.

Mais une règle générale pour notre France, ainsi que pour la Flandre et même la Hollande, est de ne jamais les enlever pour les conduire un peu loin, comme à un quart de lieue et plus, qu'elles ne soient déjà sorties de leur ruche, une ou deux fois avant l'enlèvement, pour leur laisser le temps de se débarrasser des excréments qui ont séjourné long-temps dans leur corps. Car les deux ou trois premiers jours de leur sortie, on les voit toutes se vider de ces matières fécales, les unes en l'air, d'autres sur les haies voisines, d'autres sur terre. S'il se trouve qu'il y ait quelques linges blancs pour sécher sur les haies voisines, vous les verrez presque toutes aller y déposer leurs excréments, qui forment une matière liquide, une espèce de bouillie.

Cette observation est connue de tous les voisins des jardins des cultivateurs d'abeilles. La plupart des auteurs traitoient cela de dyssenterie, qui est, pour elles, une maladie mortelle, quoique dans le fait, ce ne fut rien.

Si on les enlevoit avant leur première sortie, après l'hiver, on risqueroit, par les mouvements qu'on leur occasionneroit, de les voir couvrir leurs gâteaux de ces matières fécales, quoiqu'il y en ait quelques-unes qui ne le font pas. J'ai vu des ruches jeter ces matières, en assez grand nombre, quoiqu'elles n'eussent été renfermées que pendant douze à quinze jours. On peut aussi les transporter, pendant tout l'été, lorsque l'air n'est pas trop chaud, et surtout depuis le soleil couchant et pendant la nuit, ainsi que dans l'automne, jusqu'à ce qu'on les mette en hiver, comme on le dira ci-après. Nous donnerons tout-à-l'heure la façon de les transporter.

Quant au choix des ruches, qu'on veut

acheter, la meilleure façon de le faire est d'acheter des essaims sortant de leurs mères ruches, en mai : on a alors l'avantage de les recevoir dans des ruches de son choix, et différentes de celles qui sont ordinairement en usage, dans les campagnes, et dont il sera parlé à l'article des ruches. En achetant des essaims, on ne risque rien, et on ne craint pas d'être trompé. (Voyez l'article des essaims.)

Dans les cantons où on sème du sarrasin ou blé noir, comme cette plante ne fleurit guère en France qu'en juillet et août, on pourroit encore acheter des essaims en juin et juillet ; mais il est à craindre que la saison de ces fleurs ne soit pluvieuse, et que l'essaim, quelque nombreux qu'il soit, ne puisse pas amasser assez de provisions pour passer l'hiver. Pour celles qu'on voudra acheter avant ou après l'hiver, il faut : 1°. les soulever pour connoître leur poids. Si c'est avant l'hiver, une ruche telle qu'il y en a partout dans les campagnes, soit en paille, soit en éclisse ou en bois de coudrier recouvert de pourjet, (1) doit peser vingt-

---

(1) Le pourjet est une espèce de mortier fait avec parties égales de cendre et de bouse de vache fraîche, auxquelles on ajoute ordinaire-

huit à trente livres à la fin d'octobre,
et dix-huit ou vingt au commencement
du printemps, quoiqu'il puisse arriver
qu'une partie de ce poids vienne d'une
certaine quantité de couvain, qu'on
appelle rouge, dont la ruche seroit plus
fournie que de coutume, et aussi des
dimensions plus ou moins grandes de
la ruche : à moins que ces dimensions
ne passent de beaucoup la mesure. Si
cette ruche étoit de l'année, elle pourroit
peser deux livres de moins, la cire neuve
étant moins pesante que la vieille. Ce
poids est pour les ruches fortes et bien
peuplées : celles qui ne le sont pas autant
peuvent peser quelque chose de moins.

2°. Il faut voir si la cire est blanche,
comme elle doit l'être. Si elle n'a qu'un
an ou moins, elle ne doit pas être noire,
moulue et moisie, ce qui indiqueroit une
vieille ruche.

3°. Pour savoir si elle est bien peuplée,
comme elle doit l'être, donnez après le
soleil couché, un coup de la jointure
des deux doigts du milieu contre cette
ruche : si le coup produit un bruit séparé
en deux ou trois temps, et s'il continue,

ment un cinquième ou sixième de chaux, qui
éloigne les souris. On fait du tout une pâte
molle, avec laquelle on plaque la ruche en
dehors.

pendant quelques moments , c'est un signe d'abondance , et le contraire s'il ne cause qu'un bruit court.

4°. Pour connoître, tout-à-la-fois , si une ruche a des munitions et une forte garnison, frappez sur la ruche : si vous entendez un son aigu et perçant, il n'y a presque rien dans la ruche : si elle rend un son écrasé et étouffé , elle est bien pourvue de tout.

Malgré ces instructions , comme ceux qui veulent en acheter sont sujets à n'y rien connoître, je leur conseille fort , pour n'être pas trompés , de se faire accompagner, dans cette visite des ruches, par des hommes du métier , ou de ne les acheter que de gens dont la probité leur soit connue et qui ne leur vendent pas des ruches de quatre ou cinq ans pour des ruches d'un an.

CHAPITRE II.

Du transport des Ruches.

On peut transporter, comme il a été dit, les ruches depuis le cinq ou le six de février, jusqu'au premier de mai, et même jusqu'au cinq ou dix de novembre, pour les climats situés comme la France et même la Hollande, à quelque différence près, selon le plus ou le moins de chaleur du climat, en observant que le jour où on veut le faire ne soit ni trop chaud ni trop froid, mais surtout trop chaud, pour les faire étouffer par le mouvement qu'elles se donnent dans la ruche. En été on ne les fait ordinairement voyager que la nuit.

Comme une ruche transportée à une petite distance, comme d'un quart de lieue, revient ordinairement à l'endroit où se trouvoit sa ruche, pendant deux ou trois jours, et que ces allées et venues leur font perdre du temps, en avril et mai : le meilleur est de ne les transporter qu'à la fin de l'hiver, lorsqu'elles ont déjà sorti deux ou trois fois, et non en mars ou en avril, où ce déplacement les trouble dans leur travail, qui est alors en pleine activité. Mais si la distance est au moins d'une lieue, on peut le faire en tout temps. On commence par condamner le dessous avec un gros linge clair, qu'on replie tout autour de la ruche et qu'on y assujettit avec une ficelle; ensuite on les transporte ou dans des hottes portées par des hommes ou femmes, ou dans des paniers sur des bourriques ou sur des chevaux, ou enfin sur des chariots; s'il y en a beaucoup, on les place la gueule ou la grande ouverture en haut, afin de leur procurer beaucoup d'air. S'il y avoit une ou plusieurs lieues, et qu'on eut la commodité d'une rivière portant bateau, ce seroit un avantage en ce que la voiture seroit plus douce. On les serre dans les voitures l'une contre l'autre, en mettant un peu de paille entre deux.

Quand elles sont arrivées, on les pose doucement dans leur situation naturelle sur la planche qui leur est destinée, en leur procurant de l'air tout autour par dessous, au moyen de trois petites cales de quatre ou cinq lignes d'épaisseur, et on ne les développe que le soir du jour de leur arrivée, sans quoi elles sorti-roient en grand nombre, pour peu qu'il fit chaud, et reconnoitroient difficilement leur ruche.   A 5

CHAPITRE III.

Construction et avantages d'un Rucher.

Oɴ peut placer les ruches, ou seules sur des plateaux dispersés dans le jardin, ou en compagnie posées sur des planches, à côté l'une de l'autre, ou sous un rucher ou espèce de bâtiment disposé pour les recevoir.

Je crois le rucher préférable à toute autre façon, en ce qu'on y est bien moins exposé aux aiguillons et plus tranquille, quand on est dans le cas de les troubler par quelqu'opération; au lieu qu'avec des ruches posées en plein air sur des planches, ou isolées sur des plateaux épars dans le jardin, on ne peut leur faire aucune opération, sans qu'elles vous voient autour de leur ruche les découvrir, les déranger, les tailler, etc. ce qui les met quelquefois de si mauvaise humeur qu'en assez grand nombre elles viennent vous lancer leur aiguillon, sans qu'on puisse presqu'ensuite en approcher, étant toujours prêtes à se jeter sur vous au moindre mouvement qu'elles vous

voient faire autour de leur ruche, même
plusieurs semaines après.

Pour pouvoir opérer aussi tranquillement qu'il est possible de le faire avec
des ruches placées de cette façon, il faut
tout au moins avoir l'attention de dis-
poser un paillasson sur la ruche à travailler, deux ou trois jours avant l'opération, de façon que vous soyez comme
caché derrière cette ruche sans qu'elles
vous aperçoivent. On le fait deux ou
trois jours auparavant, afin qu'elles y
soient habituées; car le premier jour,
comme ceci est nouveau pour elles,
lorsqu'elles reviennent des champs, au
lieu de rentrer de suite dans leur ruche,
elles tournent long-temps tout autour,
pour examiner ce qu'on y a mis, et
elles vous verroient, ce qui ne les satis-
feroit pas; au lieu que le troisième jour
elles sont faites à cette nouveauté, et
n'y pensent plus, tout au moins le plus
grand nombre. Ce paillasson est une
espèce de toit soutenu sur des piquets
ou fourches enfoncés en terre, au bout
desquels le paillasson est attaché soli-
dement avec des ficelles, de crainte du
grand vent. Quand l'opération est faite
on le retire.

Si vos ruches sont posées sur des planches, à côté l'une de l'autre, il faut laisser

entr'elles un espace de quatre ou cinq pouces , attendu que la couverture de paille en forme de chapeau , que vous serez obligé de leur donner à chacune , tient de la place , et qu'en outre , il faut un certain espace vide pour pouvoir les ôter , les travailler , les remettre sans troubler les voisines : sans compter qu'en été il faut toujours mettre une petite planche de quatre ou cinq pouces de largeur , que vous placez entre les deux ruches dans la situation verticale , pour empêcher les abeilles d'aller se visiter l'une et l'autre , et d'avoir aucune communication entr'elles. Le mieux seroit même de les placer chacune sur un plateau particulier, afin qu'elles ne pussent avoir aucune communication l'une avec l'autre , ce qui est essentiel en bien des circonstances.

Soit que ce soit des planches ou des plateaux particuliers , il faut en les plaçant à cinq ou six pouces de hauteur au dessus du sol, les élever toujours un peu du derrière , afin de donner écoulement à l'eau des pluies par devant , laquelle y séjourneroit et y occasionneroit de l'humidité et de la moisissure , ce qui leur nuiroit beaucoup ; car elles ne sauroient être trop sèchement.

Mais un rucher est préférable à tout

cela ; il peut être formé de planches de tous côtés , ou d'une muraille de pierre , ou d'un parois de terre , par derrière , et de planches en dedans ; dont le bas ou la partie inférieure descendra jusqu'à la distance d'environ six pouces de la planche sur laquelle les ruches sont posées. Pendant les mois de février, mars et avril on peut, et ce sera le mieux, laisser cette distance de dix à douze pouces pour être exposée immédiatement aux rayons du soleil qui échauffera les ruches , avec plus de force , pendant cette saison , et hâtera la sortie des essaims par cette augmentation de chaleur. En hiver , on fait descendre les planches jusqu'à un pouce de la planche, pour donner moins de prise à la pluie, à la neige, au grand vent, etc. et empêcher le soleil de donner dessus. Au reste quelques montants, et même quelques grosses branches de bois dur , tel que le chêne et autres , avec une fourche naturelle à l'un de leur bout , enfoncés assez avant en terre , peuvent former la principale charpente de ce bâtiment. On en voit de semblables partout : cela est bien connu; mais ce qui ne l'est pas également, ce sont les dimensions qu'on doit lui donner , pour pouvoir y opérer à son aise.

Si on les forme de bois de charpente, on peut les faire de deux ou trois étages, sans craindre, comme le disent les bonnes gens de la campagne, que celles qui, en arrivant des champs par des temps froids, se posent quelquefois à terre, ne puissent pas se relever et gagner leur ruche en piétant, comme le font, disent-ils, celles qui en arrivant se posent sur les petites planches qu'on met ordinairement devant l'entrée des ruches. Ces petites planches qui vont d'un bout à terre, et de l'autre bout aboutir à la planche sur laquelle sont posées les ruches, ne servent principalement qu'à leur procurer, en arrivant, un point d'appui, et surtout à empêcher que le grand vent ne les pousse par-dessous la planche par les huit à dix pouces d'intervalle, plus ou moins, qui se trouveroient, sans cette petite planche, placée entre la planche servant de siège et le sol.

Celles qui vont se mettre dans le creux d'un chêne quelquefois à vingt et trente pieds de hauteur, font tout aussi bien que celles qui ne sont élevées que de huit à dix pouces plus ou moins. Ce n'est d'ailleurs, presque jamais en piétant que celles qui se sont posées sur la petite planche, regagnent leur ruche, mais en y volant.

Les anciennes ruches, telles qu'on les voit partout dans les campagnes, n'ont pas besoin que les étages soient si élevés l'un sur l'autre que les ruches composées de hausses, qui demandent un espace suffisant et de l'aisance pour les tailler ou dégraisser, et pour quelques autres opérations que n'éxigent pas celles qui sont d'usage à la campagne. Ces dernières ne demandent guère qu'à être simplement posées ou ôtées de dessus leur table, comme un rucher ; on ne leur donne point de chaperon de paille, comme à celles qui sont à l'air.

La distance d'un étage à l'autre doit être suffisante, pour qu'on puisse non seulement y placer des ruches qui seront quelquefois de deux pieds de hauteur, mais encore y passer sa tête et la moitié du corps à l'aise, entre la ruche et la table ou planche supérieure. Il faut de plus pouvoir lever facilement la hausse supérieure que vous aurez détachée, pour y en remettre une autre ou un couvercle.

L'expérience m'a appris que, pour tout cela, il doit y avoir trente-cinq ou trente-six pouces entre deux étages, entre la table inférieure et celle qui la suit.

La largeur intérieure du rucher doit

être d'environ quatre pieds et demi. S'il n'étoit que d'un seul étage, on pourroit lui donner un peu moins de largeur ; on peut le couvrir en paille ou en planches ; mais la paille vaut mieux ; elle est plus chaude en hiver, et plus fraîche en été. L'ardoise ne vaut rien : elle brûleroit les pates des abeilles qui s'y poseroient, par la grande chaleur, ainsi que la tuile.

Avec un rucher de plusieurs étages, on a l'avantage de pouvoir placer un grand nombre de ruches dans un petit jardin. Enfin il faut toujours laisser entre les planches formant la devanture du rucher et les ruches, un espace de six à huit pouces, pour pouvoir opérer facilement. Les ruches doivent être distantes l'une de l'autre de trois à quatre pouces, et avoir soin de placer toujours une petite planche entre deux ruches pour les empêcher de se visiter et de communiquer l'une avec l'autre : ce qui est un grand inconvénient.

Il seroit utile que la première route des ruches en bas, s'il y a plusieurs étages, fut posée chacune sur un plateau particulier, au lieu de l'être sur une seule planche, en laissant seulement un pouce quinze lignes d'intervalle entre deux plateaux : parce qu'il arrive quelquefois que les seconds essaims sortent de leur ruche , deux ou trois jours après y avoir été reçus , et entrent dans les ruches voisines , où ils sont souvent mal reçus ; et cet intervalle de douze ou quinze lignes de distance est suf-fisant pour les empêcher de le faire. Alors ce premier étage seroit destiné à n'y placer que ces seconds essaims.

CHAPITRE IV.

De l'emplacement des Ruches et du Rucher.

APRÈS avoir parlé de la construction et des avantages d'un rucher, nous passerons à son exposition. Il y a ici deux choses essentielles à observer : la position du rucher, et son exposition. Ce que nous en dirons, servira également pour l'emplacement des ruches, qui ne seront pas sous un rucher.

La meilleure exposition est celle du midi. Elles ont alors le soleil sur le devant de leur ruche, depuis 7 à 8 heures du matin jusque vers le soleil couchant. Il échauffe leur ruche au printemps et avance la venue du couvain.

Ensuite celle du couchant, par laquelle le devant des ruches est tourné vers le soleil de deux heures. Quoique moins bonne que la précédente, elle vaut beaucoup mieux que celle du Levant, qui est la plus mauvaise des trois, parce qu'à la sortie de l'hiver et au commencement du printemps, beaucoup d'abeilles déterminées à sortir de leur ruche

par l'impression de cette première chaleur, prendroient trop tôt leur essor :
des nuages épais, des vents glaçants,
des temps froids et rigoureux succéde-
ront souvent dans cette saison, presqu'immédiatement à ces intervalles trom-
peurs ; de toutes celles qui se seront éloi-
gnées de leurs ruches, les unes resteront
en campagne saisies de froid, et les autres n'auront la force que d'arriver jusqu'au rucher, sans que leur foiblesse
leur permette de pouvoir gagner l'entrée
de leur ruche : de ces dernières, une
partie se posera quelque part dans le jardin, près du rucher, et les autres contre
les parois du rucher même. Alors qu'ar-
rive-t-il ? Que l'entrée des ruches et le
devant du rucher, ainsi qu'une partie du
terrein qui approche le plus de cette devanture, n'étant pas exposées aux rayons
du soleil, les abeilles qui s'y sont posées,
foibles et déjà presque transies, y restent
et y périssent ordinairement ; sans compter que le vent du Nord glissant tout le
long du rucher, dont l'un des bouts est
vers le Nord, les refroidit nécessaire-
ment, ce qui retarde le couvain : et c'est
un inconvénient grave ; car huit jours
plutôt ou plus tard sont un objet considérable. Quelquefois en huit jours, un
bon essaim a rempli sa ruche.

CHAPITRE V.

De la position du Rucher, et des Ruches sans Rucher.

La position du rucher peut être consi-dérée ou relativement au lieu particulier dans lequel on place les ruches, ou re-lativement au canton dans lequel on se trouve. Ces deux objets demandent des mesures différentes. Votre rucher, si cela dépend de vous, doit être près de votre maison, pour pouvoir le vi-siter souvent, et à l'abri des grands vents et des ouragans qui empêchent les abeilles de rentrer dans leur ruche ; on court moins de risque de perdre des es-saims, lorsque le jardin est planté d'ar-bres peu élevés, que lorsqu'il s'y trouve de grands arbres. Il y a toujours à crain-dre pour la perte de l'essaim quand les mouches qui le composent s'élèvent beau-coup en l'air. D'ailleurs on a beaucoup moins de peine à ramasser un essaim placé sur un arbre peu élevé.

Il doit y avoir aussi près des ruches quelqu'eau courante. Au défaut d'eau courante, on leur en met dans des vases plats, avec l'attention de placer de petites branches de bois sec, ou des brins de paille, pour qu'elles puissent s'y poser, et ne pas s'y noyer. Il y a plusieurs autres façons de leur procurer de l'eau, qu'on peut imaginer soi-même ; mais il ne faut pas leur en laisser manquer, elle leur est nécessaire. On peut aussi entailler de petites rigoles de cinq à six lignes en quarré, dans de grandes pierres, ou dans des planches de bois dur, et épaisses, et ne pas y laisser manquer l'eau, ou les placer au milieu du jardin, et à l'ombre. J'oublie qu'il faut, autant qu'on le peut, placer son rucher ou ses ruches, dans un endroit bas, dans un fond, autour duquel il y ait à certaine distance, des terreins élevés, et le moins qu'il sera possible, sur un endroit élevé, où elles sont trop battues des vents, et trop froidement, au lieu que dans un fond où le soleil a beaucoup plus de force, le couvain vient bien plus vite, et vous donne des essaims plutôt.

Il faut aussi, autant qu'il est possible, placer votre rucher à l'abri du vent du nord par une muraille, ou une forte haie vive, ou en faire une sèche et épaisse, s'il n'y en a point naturellement.

Au reste, il n'est pas nécessaire, quoique cela ne puisse nuire, que le lieu où elles sont soit fourni de fleurs, ni même

les environs, à vingt ou trente toises ;
elles savent bien en aller chercher au
loin. Un jardin n'est rien. Il faut des
campagnes toutes entières, principalement lorsqu'il y a plusieurs ruches. Il y
en a même peu qui s'amusent aux fleurs
du jardin, ce qui, pour le dire en pas-
sant, est encore une nouvelle preuve de
cette sagesse et de cette prévoyance ad-
mirables du créateur, qui savoit bien
que sans cette disposition dans les abeilles, elles se seroient amusées toutes l'une
après l'autre aux fleurs les plus voisines
du rucher, où elles n'eussent rien trouvé
après les premières, tant il est vrai que
Dieu se montre partout.

Nous venons de voir ce qui peut être
utile aux abeilles dans la position du rucher, voyons maintenant ce qui peut leur
être nuisible.

Le voisinage des étangs et des grandes
rivières leur est pernicieux, parce qu'il
en périt un grand nombre, surtout par
les grands vents qui les y font tomber ;
près des grandes villes où elles s'introduisent chez les confiseurs et chez tous
ceux qui préparent les sucreries, il en
périt encore beaucoup qui sont tuées ou
écrasées.

En leur défendant les lieux sucrés, il
semble qu'on devroit bien plus encore

leur interdire les bourbiers, les fumiers et autres lieux infects et puants ; mais non, on a observé que ces endroits ne leur sont point désagréables. Elles recherchent, par exemple, avec empressement, les eaux salées, les lieux imbibés et infectés d'urine, l'eau détrempée dans la fiente de bœuf, et les égoûts des fumiers. On dit que les ognons, l'ail, la ciboule, les poireaux, la ciguë, le rhus, la jusquiame leur sont nuisibles et font un mauvais miel. Le sureau, l'orme, le tilleul, le tithymale sont accusés de leur donner la dyssenterie : l'ellébore, le buis, l'arbousier, l'if, le cornouiller, selon quelques auteurs, les incommodent. Sur quoi, je ne dirai pas que quelques-unes de ces plantes ne puissent être nuisibles aux abeilles, ou tout au moins à la qualité de leur miel, mais que toutes ces plantes leur soient nuisibles, je ne le crois pas. Je n'ai jamais vu, par exemple, que le tilleul, dont nous ne manquons pas chez nous, leur ait donné la dyssenterie, maladie que je n'ai jamais vu les prendre qu'après l'hiver, ni aucune autre de quelqu'espèce que ce soit. Ce qui peut avoir donné lieu à cette erreur est sans doute, que les abeilles aimant passionnément cette fleur, restent quelquefois si tard sur l'arbre, que s'y trouvant prises par le froid et par la fraîcheur de la nuit , surtout les jeunes qui sont très-sensibles au froid, elles y restent et y passent la nuit. Le froid ensuite ou le vent en fait quelquefois tomber un certain nombre , et ce sont celles-là qu'on aura vu mortes, qui auront donné occasion à l'erreur dont nous parlons. Mais les crapaux volants sont pour elles un ennemi plus réel. J'en ai tué un qui en avoit l'estomac plein. Voici actuellement, en peu de mots, ce qui regarde la position du rucher, relativement au canton où elles sont.

Je pense qu'on peut distinguer trois positions différentes qui donneront trois différents produits. Les plaines de blé, les prairies , les petits ruisseaux forment ce que j'appelerai la moyenne ou la médiocre position. L'abondance des blés et des prés , la proximité des bois , des grandes friches et des ruisseaux forment la bonne position. Le voisinage des prairies, des sarrasins, des bois , des grandes friches et des montagnes couvertes d'herbes odoriférantes , l'éloignement des étangs et des rivières font l'excellente position.

Quoique ces positions soient les meilleures , il n'est cependant guère d'endroit où on ne puisse en avoir avec avantage,

tage, mais non en telle quantité qu'on le voudra. C'est à l'expérience à décider de cette quantité, pour ne point placer cent ruches dans un lieu qui n'en peut nourrir que cinquante.

Dès le 15 ou 20 de juillet, les vastes plaines à blés de la Beauce, de l'île de France et du Soissonnois, cessent ordinairement de fournir aux abeilles de quoi faire des récoltes, à moins qu'il ne s'y trouve des blés sarrasins qui fleurissent ordinairement en juillet et août; il faut donc se régler sur la connoissance qu'on a du canton qu'on habite, et s'en rapporter surtout à l'expérience qu'on peut faire d'abord sur un petit nombre de ruches.

B

CHAPITRE VI.

Construction des Ruches, et leurs différentes espèces.

Il y a différentes espèces de ruches; les unes, comme celles qu'on voit communément dans les campagnes, sont d'une seule pièce, et les autres composées de plusieurs pièces, qu'on nomme *hausses.* Ces hausses sont rondes ou carrées, et sont posées simplement l'une sur l'autre, sans s'engrainer l'une dans l'autre, comme si on posoit simplement un cercle de tamis sur un autre de même diamètre. Les hausses carrées sont de douze à treize pouces de grandeur, compris l'épaisseur du bois, qui doit être de quatre à cinq lignes. Elles sont de trois à trois pouces et demi de hauteur; les hausses rondes sont d'environ un pouce plus grandes, par rapport aux quatre angles des hausses carrées qui ne se trouvent pas aux hausses rondes. Les hausses carrées sont ordinairement de bois; les rondes peuvent être de bois, de paille, et d'osier recouvert de pourjet. Celles que je crois les meilleures en bois, et les moins dispendieuses, sont celles qui sont composées de cercles de tamis, qui ont

ordinairement deux à trois lignes d'épaisseur ; plusieurs hausses, comme le nombre de quatre, six et même huit posées
l'une sur l'autre, et tenues l'une à l'autre
par des ficelles, forment une ruche, sur
laquelle on place un couvercle. Au lieu
des deux petits bâtons carrés ou ronds
qui sont posés en croix, l'un d'un côté
et l'autre de l'autre de la hausse, l'expérience a fait connoître que, pour certaines circonstances assez fréquentes,
mais principalement pour la taille ou le
dégraissage des ruches, il falloit mettre
à chaque hausse une espèce de demi couvercle, c'est-à-dire trois ou quatre petites
planchettes de deux à deux pouces et demi de largeur, sur deux à trois lignes
d'épaisseur. Ces planchettes sont destinées à soutenir les gâteaux de miel, lorsqu'on fait la taille des ruches ; c'est-à-
dire, lorsqu'on retire la hausse supérieure de la ruche. Ces petites planches
sont surtout nécessaires pour la taille
des essaims, dont la cire est très-fra-
gile, et dont les gâteaux des hausses inférieures tomberoient, n'étant plus soutenus par les fortes attaches de la hausse
supérieure, si en séparant la hausse supérieure des inférieures, ces gâteaux
n'étoient pas soutenus dessous par ces
espèces de demi-couvercles. En pla-

cant ces petites planches , on observera d'en placer une de deux pouces et demi au milieu de la hausse , et de la faire de huit ou dix lignes plus longue que la hausse n'a de grandeur , en sorte que si la hausse est de treize pouces , cette petite planche du milieu ait treize pouces huit ou dix lignes de longueur , afin de pouvoir attacher ce surplus de longueur l'un à l'autre , avec des ficelles , pour ne former qu'une ruche solide de toutes les hausses dont cette ruche est composée : au reste , outre cette attention , on colle du gros papier gris sur les jointures , afin qu'il ne se trouve point de jour entre les hausses. Au lieu de petites planches , on peut mettre des bâtons plats et minces , à huit ou dix lignes de distance l'un de l'autre sur toute la largeur de la hausse , à l'exception du milieu , où il faut une petite planche. Si ce sont toutes petites planches , on les mettra aussi à neuf ou dix lignes l'une de l'autre. Ces petites planches ou ces bâtons sont d'une grande utilité , et nécessaires pour la taille des essaims. On peut couvrir les ruches rondes et les carrées avec des couvercles de bois de quatre à cinq lignes d'épaisseur , avec des traverses qui débordent aussi le couvercle ; mais on peut aussi former ces couvercles avec de l'osier recouvert de pourjet. Je crois même que cette couverture vaudroit mieux que toute autre pour l'hiver, en ce qu'elle laisseroit échapper plus facilement les vapeurs.

Une autre attention à avoir pour les couvercles, est celle d'y pratiquer une ouverture ronde d'environ deux pouces de diamètre, c'est-à-dire assez grande pour pouvoir y passer le goulot d'une bouteille de verre destiné à les nourrir, comme il sera expliqué ci-après, et de plus, deux ou trois petits trous d'environ deux lignes, pour pouvoir y passer aussi le bout du manche d'une pipe, on condamne ces ouvertures avec des bouchons de liége ou de bois.

Toutes les pièces de la ruche étant faites, on les assemble pour en former une ruche solide et inébranlable, qu'on puisse transporter facilement : pour cela on n'a besoin que de quelques ficelles avec lesquelles on attache l'une à l'autre, les traverses qui débordent les hausses, ainsi que celles du couvercle. Quant aux jointures, ou entre-deux des hausses, outre le pourjet qu'on y met, on colle, surtout à celles de bois, de larges bandes de papier gris, qui, étant séchées, rendent la ruche aussi solide que si elle étoit d'une seule pièce.

Quant à la porte de chaque ruche pour entrer et sortir les abeilles, on la pratique dans l'épaisseur même de la planche, sur laquelle elles posent, ce qui épargne la peine d'en donner une à chaque hausse. Elle doit être de trois pouces de largeur au bord de la planche, sur six à sept lignes de profondeur ; cette largeur doit aller en diminuant sous la ruche sous laquelle elle s'avance de deux ou trois pouces. A l'endroit où elle se termine, sous la ruche, cette partie n'a plus que trois ou quatre lignes de profondeur, afin que les mouches n'aient pas si haut à monter. Quant aux cercles de tamis, on en trouve à bon compte chez les fabricants. On fait joindre le couvercle sur la ruche, avec une planche soutenue de quatre petites cales aux quatre coins du couvercle, et on met une grosse pierre sur cette planche pour faire serrer le couvercle partout. Voilà les trois formes de ruches que je crois préférables pour notre climat, tant pour être peu coûteuses que pour être plus propres aux différentes opérations qu'elles exigent dans le courant de l'année. Mais on peut en imaginer d'autres : les meilleures sont celles qui coûtent le moins, et qui procurent le plus de facilités pour les opérations nécessaires. Les ruches de M. de Gelieu sont aussi très-propres à former des essaims artificiels. Nous en parlerons à l'article des essaims.

CHAPITRE VII.

Des différentes espèces d'Abeilles qui peuplent une Ruche. Des Abeilles ouvrières.

Il y a trois espèces de mouches dans une ruche : les abeilles ouvrières, les mâles, ou faux bourdons, ou couveuses, et la reine, ou plutôt la mère.

Les abeilles ouvrières, ou abeilles communes que tout le monde connoît, sont la plus petite de ces trois espèces. A l'exception de la reine qui pond seule toutes les abeilles qui peuplent une ruche pendant l'année, ainsi que les essaims qui en sortent, les abeilles ouvrières sont chargées de toute la besogne de la maison. Ce sont elles qui vont aux champs chercher les provisions de toute espèce dont elles ont besoin dans leur ruche. Outre le miel qu'elles vont sucer sur les fleurs, et qu'elles rapportent dans leur estomac pour le déposer dans leurs gâteaux, on les voit à chaque instant revenir des champs avec leurs petites pates chargées de petites pelotes d'une substance dont la couleur varie comme celle des

fleurs sur lesquelles elles la vont chercher, et qu'on croit destinée à nourrir
leur couvain dans leurs différents états,
et elles-mêmes, conjointement avec le
miel. C'est ce qu'on appelle leur pain,
qu'elles joignent au miel, pour leur
nourriture. On croyoit ci-devant que
cette substance, ou ces petites pelotes,
étoient la matière à cire, ou la substance
avec laquelle elles formoient la cire, après
l'avoir fait passer dans leur estomac. Mais
MM. de la société des abeilles de la haute
Lusace, ont découvert, il y a quelques
années, qu'au lieu de rendre la cire par
la bouche, elles l'effluent ou la rendent
par les anneaux de la partie postérieure
de leur corps en forme de petites écailles.

Toutes les abeilles ouvrières sont armées d'un aiguillon. Lorsqu'elles ont
donné leur aiguillon, il est formé de
façon que si elles le retirent trop vite, il
casse, et il reste dans la plaie, et en se
séparant du corps de l'abeille, il arrache
la vessie qui contient le venin qui tient
à la base de l'aiguillon ; une partie des
entrailles sort en même-temps, et l'a-
beille meurt.

Lorsqu'on a été pincé d'une abeille,
il faut donc, le plutôt possible, arracher
l'aiguillon de la plaie, et la frotter ensuite avec de l'eau fraîche, ou avec des

feuilles de plantes écrasées , ou enfin avec du miel , qui m'a toujours paru le remède le plus souverain. On frotte légèrement la plaie à plusieurs reprises , avec le doigt impregné de miel , ce qui commence par apaiser d'abord la douleur , empêche l'enflure , et guérit en peu d'heures , les uns plutôt , les autres plus tard , selon le tempérament de la personne , plus ou moins sensible à la piqûre. (1)

Quant à leur occupation dans la ruche, la construction des couteaux ou gâteaux , ou rayons , celle des alvéoles , ou de ces petites loges , qui leur servent à y déposer le miel , ces petites pelotes qu'elles rapportent à leurs pates ; l'emploi de la cire , le soin du couvain (2) , etc. sont les grandes et importantes occupations des abeilles dans leur ruche.

Les autres travaux ne tendent qu'à la propriété et à la défense de leurs provisions , ou de leur domicile. Dans tous les temps , mais surtout aux approches du printemps , elles ont soin de nettoyer leur ruche , d'en ôter toute ordure et

---

(1) On donne aussi comme remèdes souverains, la thériaque de Vénise et l'huile d'olive.

(2) Le couvain est cette multitude d'œufs que la reine place dans les alvéoles.

toute immondice : elles emportent ou traînent dehors les couvains avortés, les gâteaux tombés, les mouches mortes pendant l'hiver; et le nombre des mortes surpasse quelquefois celui des vivantes : elles enlèvent, en un mot, tout ce qui ne seroit propre qu'à embarrasser leur ruche. Pendant les grands ouvrages, celles qui restent à la ruche sont chargées du soin important de garder l'entrée et les avenues de la place. Elles repoussent les guêpes, les frelons, les mouches étrangères, les papillons, et généralement tous les insectes qui s'y introduisent, soit par hasard, soit pour y déposer leurs œufs, soit pour ravager leurs provisions. Si une abeille ne suffit pas, elle trouve du secours de la part des autres. Un ennemi est-il péri dans le combat, on le transporte sur-le-champ hors de la ruche. Dans les jours de travail, elles viennent décharger leurs compagnes qui viennent de faire leur récolte. Elles prennent les petites pelotes que ces dernières rapportent, elles les déposent dans les magasins publics. Pour les débarrasser de cette résine tenace et gluante, qu'on nomme *propolis*, elles sont quelquefois plusieurs occupées à tirailler dans tous les sens une de leurs compagnes qui vient de rentrer, ou sim-

plement de se poser à l'entrée de la ruche;
vous croiriez qu'elles lui arrachent les
membres. Cette résine leur sert à boucher toutes les petites ouvertures de leurs
ruches, et même à les en plaquer partout intérieurement. On les voit quelquefois aller ramasser cette résine dans
les vieilles ruches qu'on a laissé à l'air.
On les voit aussi quelquefois donner du
miel avec leur petite trompe à celles qui
reviennent des champs, fatiguées, et qui
le reçoivent avec la leur , qu'elles allon-
gent à cet effet.

CHAPITRE VIII.

Des mâles Faux Bourdons ou Couveuses.

Les mâles, faux bourdons ou couveuses, comme les appellent les hommes de la campagne, sont comme nous l'avons dit, plus gros, mais moins grands que la reine ou mère, et plus grands et beaucoup plus gros que les ouvrières ; ils ont la tête plus grosse et plus ronde. Ils n'ont point d'aiguillon. Leur principale, et peut-être leur unique destination, est de féconder les reines par l'accouplement. Ce qu'il y a de singulier, c'est que cet accouplement ne se fait pas dans la ruche, mais en plein air, et probablement en volant l'un et l'autre. C'est sans doute uniquement pour cet objet, et peut-être aussi pour prendre l'air, que la reine et les mâles, ainsi qu'un grand nombre d'abeilles, sortent tous les jours de beau temps, et depuis environ midi jusque vers les trois ou quatre heures. On diroit alors qu'elles essaiment. Les unes commencent cette sortie plutôt ; d'autres plus tard. Cet accouplement coûte cher au mâle, avec lequel il a lieu.

Il laisse dans le corps de la reine la partie du sien qu'il y a introduite, ce qui lui cause la mort. De même que l'abeille commune, laissant son aiguillon dans la plaie qu'elle a faite, périt aussi. Mais le sort des autres mâles est presqu'aussi à plaindre. Leur vie n'est pas de longue durée. Les ouvrières les tuent tous, ou les chassent de leurs ruches, ordinairement depuis la fin de juin, jusque vers le 15 août; les unes plutôt, les autres plus tard. La raison de cette destruction est que la reine alors n'a plus besoin de leur ministère pour être fécondée. Aussi le temps de leur destruction arrivé, les abeilles ouvrières ne leur font-elles aucun quartier. Non seulement elles les chassent, les poursuivent sans relâche, et les tuent à coups d'aiguillon ; mais elles les font mourir de faim, en les faisant descendre au bas de la ruche, et en ne leur permettant pas de monter dans le haut, où est le miel, et cela pendant plusieurs jours, jusqu'à leur entière destruction ; car s'il en restoit quelques-unes dans la ruche, le 10 ou le 15 septembre, pour nos climats, et un peu plutôt ou plus tard, selon le plus ou le moins de chaleur des endroits où elles sont, ce seroit une marque presqu'assurée que la ruche périroit, ou pendant l'hiver, ou au printemps suivant. Quoiqu'il paroisse qu'un petit nombre de ces mâles dût être suffisant dans une ruche pour féconder la reine mère, et les jeunes reines qui naissent en mai et juin, et même en juillet, il y en a quelquefois dans une ruche, jusqu'à quinze cents, et beaucoup moins dans d'autres. Au reste, ils ne font aucun travail dans la ruche.

CHAPITRE IX.

De la Reine ou Mére.

La reine, ou la mère commune, est plus grande et plus longue, mais moins grosse que les mères. Sa tête est plus allongée, et ses ailes sont très-courtes, par rapport à son corps. Elles n'en couvrent guère que la moitié. Elle a un aiguillon comme les ouvrières, mais plus long. La piqûre en est profonde, mais elle ne s'en sert que rarement, et après qu'on l'a tourmentée long-temps. C'est une attention de la nature, parce que le salut de la ruche dépendant dans certaines circonstances de la vie de la reine, la république eût été exposée à des dangers trop grands, si elle se fut livrée aux mouvements de la colère avec autant de facilité que les ouvrières.

La reine est l'unique femelle de la ruche qui soit destinée à multiplier les citoyens, à donner des sujets à l'état, et sa royauté n'est fondée que sur sa fécondité. Souvent en six semaines elle pond dix à douze mille œufs, et pour l'ordinaire, dans une année, ce nombre va à trente-cinq et quarante mille.

La fécondation de la reine s'opère par l'accouplement. Nous avons vu comment cet accouplement a lieu, et qu'il en coûte la vie au mâle avec lequel elle s'est unie. Lorsqu'après l'accouplement, la reine rentre dans la ruche, on lui voit ordinairement dans la partie postérieure du corps, la partie de celui du mâle qu'il y avoit introduite, et qui s'est arrachée de son corps pour rester dans celui de la reine qui s'en débarrasse ensuite elle-même comme elle peut avec ses pates. Elle sort quelquefois deux ou trois fois sans être fécondée, mais dès qu'elle l'a été, il est facile de le reconnoître aux signes que nous venons d'indiquer.

Il paroît qu'un seul accouplement suffit pour rendre la reine féconde pendant toute sa vie ; mais une chose bien singulière, et qu'il ne faut pas oublier, c'est que si elle n'est pas fécondée par le mâle, dans les vingt-deux jours qui suivront celui de sa naissance : elle ne sera plus en état de pondre autre chose tout le reste de sa vie, que des œufs de mâles, ou faux bourdons, sans en pondre un seul qui produise une abeille ouvrière, en sorte que la ruche où elle se trouve périra infailliblement, ou pendant l'hiver, ou au printemps suivant. Une reine de cette espèce pond, pendant toute l'année, presque autant d'œufs, d'où sortiront des mâles, qu'une reine ordinaire pond d'œufs d'ouvrières. Quoiqu'avec une reine ordinaire, la ponte des mâles ne commence guère avant la fin d'avril, pour notre France, un peu plutôt ou plus tard, selon les provinces; une reine fécondée trop tard pond, au contraire des œufs de mâles dès le mois de mars.

Cette singularité doit être bien remarquée, attendu qu'elle est essentielle relativement à l'éducation de cet insecte, ou à l'art d'en tirer parti, comme on le verra à l'article des essaims.

Lorsque les abeilles ont une reine de cette espèce, elles ne tuent pas leurs mâles, comme le font les autres ruches; mais elles les gardent jusqu'après l'hiver, saison où la ruche périt ordinairement.

Il peut y avoir des mâles plus propres que d'autres à la fécondation.

La reine commence ordinairement sa ponte, quarante-six heures après sa fécondation : pour peu que le temps soit doux. Nous verrons à l'article des essaims que, lorsqu'il se trouve dans une ruche deux ou plusieurs reines, elles se battent, et que la plus forte ou la plus adroite tue son ennemie à coups d'aiguillon; c'est toujours un combat à mort. Il ne peut rester qu'une reine dans une ruche.

M. Hubert, observateur célèbre et exact, prétend que la reine fait deux pontes de mâles, l'une au printemps, et l'autre en automne ; il faut donc que dans le canton où j'habite en France, ces œufs disparoissent en automne : je ne sais comment ; car dès le quinze ou le vingt-six d'août, au plus tard, on ne voit plus de mâles dans les ruches. Ils sont ordinairement détruits dans le dix ou le douze de ce mois. Au quinze de septembre, on ne voit plus dans nos ruches de couvain, d'aucune espèce ; c'est ce qui fait qu'on ne peut donner de règles fixes pour les différentes opérations qu'exige l'art d'élever les abeilles. L'exposition du rucher, ou son emplacement, relativement à ce qui l'environne, peut y faire aussi beaucoup.

J'avois sur le même terroir plusieurs ruchers situés à un quart de lieue et à une demie lieue, l'un de l'autre ; dans l'un, les ruches essaimoient huit et dix jours plutôt que dans l'autre. Les bas fonds sont surtout excellents. J'ai vu une différence notable entre deux ruchers dont l'un n'étoit distant de l'autre que de deux cents pas ; l'un étoit dans un fond, bien abrité du vent du nord, et l'autre sur un terrein plat, et garanti du nord seulement par la muraille du rucher, qui étoit en terre. Je tirois une fois plus de bénéfice de l'un que de l'autre.

Quant à la façon dont elle dépose ses œufs dans les alvéoles, ou cellules préparées par les ouvrières, la reine assise, environnée d'un cortège de dix ou douze mouches dont les unes lui présentent du miel avec leur trompe, les autres la lèchent, la caressent, la brossent même très-exactement: ainsi escortée, elle entre d'abord dans un alvéole, la tête première, pour en faire la visite, et elle y reste pendant quelque temps: ensuite elle en sort et y rentre à reculons, pour coller l'œuf dans l'angle qui est au fond de l'alvéole. La ponte est faite dans un moment: elle pond cinq ou six œufs tout de suite, après quoi elle se repose, avant que de continuer; quelquefois elle passe devant un alvéole vide, sans s'y arrêter, ni même le visiter. Le choix est ici indispensable: il y a des alvéoles plus grands et plus petits l'un que l'autre; les plus grands sont pour les mâles, et les plus petits pour les abeilles communes, et d'autres pour les reines, dont les cellules sont beaucoup plus grandes, et ont à peu près la forme d'un gland. Ces dernières sont faciles à reconnoître parmi les autres, et par leur grandeur, et par leur figure, et par leur position, qui est différente de celle des cellules ordinaires.

Lorsque la reine ne trouve pas un assez grand nombre de cellules préparées pour tous les œufs qui sont prêts à sortir, elle en met plusieurs daus un seul alvéole; les abeilles les retirent, pour n'en laisser qu'un : et on croit qu'elles mangent les autres. Le temps de la ponte de la reine est long : il dure presque toute l'année, excepté en hiver; mais le fort de cette ponte est au printemps.

La reine est un personnage si nécessaire dans une ruche, que sans elle tout se disperse: sans elle, ou tout au moins sans l'espérance d'en voir naître une bientôt dans la ruche, tout y est dans la langueur, dans l'abattement, dans la consternation; les abeilles alors abandonnent tout; mais cette circonstance est fort rare, attendu que si la reine vient à manquer, principalement au printemps et pendant l'été, elles ont le pouvoir d'en faire une autre. C'est une découverte qu'on doit depuis vingt ou vingt-cinq ans à MM. de la société des abeilles, de la Haute Lusace, et dont il sera parlé, lorsqu'il sera question des essaims.

Quoiqu'il n'y ait qu'une seule reine dans une ruche, on y voit quelquefois vers le temps des essaims quinze ou vingt cellules de reines, pour suppléer aux accidents qui peuvent en faire manquer un certain nombre du couvain. Au reste, dans les temps chauds, il ne faut au couvain ou à l'œuf de l'une ou de l'autre espèce, que deux ou trois jours pour éclore : au bout de ce temps, l'œuf se change en un petit ver blanchâtre, un peu long et sans pates, ayant la tête assez semblable à celle d'un ver à soie ; après sa naissance, il se détache du fond de l'alvéole, pour en occuper la capacité. Le ver est posé de façon, qu'en se tournant il trouve une sorte de gelée ou de bouillie au fond de son alvéole qui lui sert de nourriture. On voit les abeilles qui visitent plusieurs fois le jour les alvéoles qui renferment ces embrions ; elles y entrent la tête première, et y restent quelque temps : on n'a jamais pu savoir ce qu'elles y faisoient, mais on suppose qu'elles renouvellent la bouillie dont le ver se nourrit, et qui change de qualité et de goût, selon l'âge plus ou moins avancé du ver.

Quoique le ver paroisse sans action, il prend son accroissement en moins de cinq à six jours, selon le plus ou le moins de chaleur de l'air ; lorsqu'il est parvenu au point convenable , les abeilles ou-vrières ferment son alvéole avec de la cire , et on ne lui fournit plus de nour-riture. Il tapisse alors l'intérieur de sa cellule, avec une toile de soie qu'il tire de son corps , au moyen d'une filière pareille à celle des vers à soie , qu'il a au-dessous de la bouche. Cette toile s'ap-plique exactement contre les parois de l'alvéole : cette opération consommée , le vermisseau quitte sa place de ver , et à la place du premier vêtement, on lui en voit un beaucoup plus fin ; c'est ainsi qu'il se change en ce qu'on appelle nymphe. Cette nouvelle nymphe est blanche dans les premiers jours : ensuite ses yeux deviennent rougeâtres : des poils grisâtres paroissent sur son corps et sur son corcelet. Quand toutes les parties de la nymphe ont acquis la consistance convenable, l'abeille alors est en état de paroître au jour. Elle commence par se défaire de l'enveloppe mince qui tenoit toutes ses parties extérieures em-maillottées ; enfin après environ quinze jours , selon le temps plus ou moins chaud, c'est une mouche bien formée , qui fait des efforts pour percer avec ses dents , et abattre cette cloison de cire, dont les abeilles avoient muré l'entrée de sa cellule. Cette opération leur est plus difficile et plus laborieuse qu'on ne le croiroit; elle surpasse même les forces de plusieurs, surtout dans des temps froids. Il y en a qui y périssent, après avoir passé la tête hors de l'enveloppe, sans pouvoir se dégager, sans que les abeilles ouvrières viennent à leur secours.

Dès que ces jeunes abeilles sont sorties de leur prison, les ouvrières accourent avec empressement, pour leur rendre tous les services dont elles peuvent avoir besoin; elles leur donnent du miel, les lèchent avec leur trompe, et les essuient exactement : car elles sont toutes mouillées, en sortant de leur enveloppe; elles se sèchent en peu de temps, elles déploient leurs ailes, qui étoient collées contre leur corps : elles marchent pendant quelque temps sur les gâteaux : elles descendent au bas de la ruche : elles vont à l'entrée, pour jouir de l'air, enfin elles prennent leur essor, elles s'envolent, elles vont butiner comme les plus vieilles; elles en savent autant qu'elles, quoiqu'il n'y ait qu'un jour qu'elles viennent de naître. Au reste il est facile de distinguer les jeunes des vieilles : les premières sont brunes, et ont des poils blancs, les autres des poils roux et des anneaux moins bruns. On reconnoit encore leur âge par l'état de leurs ailes, qui sont saines et entières, dans leur jeunesse, et qui, dans un âge plus avancé, se frangent et se déchiquètent par le travail.

Les alvéoles, qui contiennent les faux bourdons, sont plus grands que ceux des ouvrières.

Quant aux cellules royales, elles sont entièrement différentes des autres : les abeilles y signalent leur magnificence, par la profusion de la cire : une seule de ces cellules peut peser autant que cent cinquante cellules ordinaires ; nous avons déjà dit qu'elles avoient la forme d'un gland. Le lieu qu'elles occupent semble être pris au hasard : les unes sont posées au milieu d'un gâteau sur d'autres cellules : d'autres sont suspendues au bord des gâteaux ; communément on les détruit, lorsque les femelles en sont sorties.

Les autres cellules servent à mettre ces petites pelotes, qu'elles rapportent à leurs pates, et à y renfermer le miel pour l'hiver. Celles-ci sont plus profondes que les autres : elles sont fermées par un petit couvercle, qu'on nomme *cataracte*.

Les Abeilles ne prennent pas leur repos dans aucune cellule : elles le

prennent

prennent en été , en s'accrochant les unes aux autres par les pates , et en se suspendant en forme de guirlande , ou bien groupées et pendantes aux bords des gâteaux ; enfin elles se dispersent par toute la ruche. Pendant l'hiver , elles se rassemblent entre les gâteaux, dans le quartier le plus chaud de la ruche, qui est ordinairement le devant; mais dans les grands froids , on les voit au haut de la ruche serrées les unes contre les autres , et n'occupant qu'un petit espace , et d'autant plus petit , qu'il gèle avec plus de force.

C

~~~~~~~~~~~~~~~~~~~~~~~~~~~~~~~~~~~~~

CHAPITRE X.

Des Essaims qui viennent naturellement.

~~~~~~~~~~~~~~~~~~

LES essaims sont les colonies d'abeilles qu'on voit principalement en mai et en juin, et plutôt ou plus tard, selon le climat, abandonner leur ruche natale, pour aller s'établir ailleurs, ayant une reine à leur tête. Pour les premiers essaims, cette reine est la vieille reine de la mère ruche.

Quand la saison des essaims est venue, on doit presque toujours y prendre garde ; quoiqu'il soit assez rare de les voir jeter par un temps froid, j'en ai vu quelques-uns le faire : ils choisissent pour cela, un moment où le soleil luit avec vivacité, et ils partent sans avoir égard à la disposition de l'air ; aussi périt-il ordinairement, dans ces circonstances, une partie des plus jeunes abeilles de ces essaims. Si, quand elles sont en l'air, le soleil vient à s'obscurcir pour quelque temps, on les voit se poser partout dans les environs, à terre, sur les feuilles des haies, sur les plantes et ailleurs, et la plupart y restent saisies de froid et morfondues.

A Paris, et dans les provinces qui ne sont ni beaucoup plus chaudes, ni beaucoup plus froides, on a des essaims depuis environ le milieu du mois de mai, jusqu'au commencement de juillet, quelquefois plutôt, quelquefois plus tard. J'ai eu des essaims dès le cinq de mai, et quelquefois aussi, il m'en est venu encore à la fin de juillet, et même en août. L'essaim est composé de vieilles et de jeunes abeilles : il y en a de plus ou moins forts : les plus forts peuvent être composés de douze à quinze mille abeilles, et peser de neuf à dix livres. les bons pèsent cinq à six livres, et les médiocres quatre ; ce qui est au-dessous vaut peu de chose, à moins que ce ne soit au mois de mai.

Les marques auxquelles on pourroit reconnoître qu'une ruche doit donner son premier essaim, dans le jour ou le lendemain, sont incertaines ; ceux qui s'imaginent que la veille où une mère ruche doit jeter le lendemain son premier essaim, on entend cette ruche *chanter* au soir, de temps en temps, c'est-à-dire produire dans son intérieur un certain son tantôt clair tantôt aigu, comme *tin tin*, et tantôt sourd et écrasé, comme *hon hon*, sont dans l'erreur. Jamais une ruche n'a produit ces différentes espèces de sons, la veille du jour où elle doit donner son premier essaim ; ces différents sons, produits par la reine ou par les jeunes reines, n'ont lieu que pour les seconds essaims : et ils sont une preuve certaine que cette ruche a déjà donné son premier essaim, et qu'elle doit en donner bientôt un second : c'est-à-dire dans les deux, trois ou quatre jours suivants. Le soir n'est point le seul temps fixe pour cette espèce de son : on l'entend en tout temps, le jour comme la nuit, et quelquefois de trois ou quatre pas.

Il y a cependant des signes qui annoncent des essaims pour quelques jours après ; mais ces signes sont quelquefois prolongés pendant quinze jours et plus, sans en voir paroître : les voici.

1°. Lorsqu'on voit voltiger avec bruit des mâles devant les ruches après midi. 2°. Lorsqu'on voit un si grand nombre d'abeilles dans une ruche, qu'elles ont peine à y tenir. Quand l'essaim part, elles sortent en foule, et en quelques instants, elles sont toutes en l'air.

Les essaims sortent ordinairement, depuis neuf ou dix heures du matin, jusqu'à trois heures du soir, mais quelquefois, dès huit heures, et encore à quatre heures. Dès que le temps des essaims est venu, qui diffère selon les provinces et

les climats, on doit soigneusement veiller sur les ruches, qu'on voit devoir être
en état d'essaimer : parce que les essaims
sont le profit le plus sûr et le plus important des ruches. On ne doit pas se
reposer de ce soin sur des enfants, sur des
jeunes gens volages et étourdis, qui aban-
donneront vos ruches , pour courrir
après des amusements frivoles , et qui
laisseront perdre vos essaims.

J'ai déjà dit que c'étoit la vieille reine ,
qui partoit avec le premier essaim : lorsqu'il est sorti, il ne reste plus d'autre
reine dans la ruche, que de jeunes reines,
qui sont encore dans l'état de nymphes,
prêtes à sortir de leurs cellules. Après
la sortie de l'essaim, la jeune reine la
plus âgée , prend sa place, et devient
ennemie mortelle des autres reines prêtes
à sortir de leurs cellules. Si cette jeune
reine passe près de quelque cellule ro-
yale, où se trouve une nymphe prête à
en sortir, les abeilles qui la gardent,
dans la crainte qu'elle ne vienne se jeter
dessus , et la tuer, comme elle n'y manqueroit pas , par la haine qu'elles ont
toutes l'une contre l'autre , ont grand
soin de la chasser ; elles la tiraillent, la
houspillent, la mordent, et semblent
fort acharnées contre elle : elles ne lui
laissent point de repos, qu'elle ne s'en

soit éloignée. Ce manège dure quelquefois toute la journée. La reine chante par intervalle : car c'est elle, et plus souvent quelques jeunes nymphes, non encore sorties de leurs cellules, qui forment cette musique, que les hommes de campagne appellent *chanter*. Lorsque la reine mère chante, toutes les abeilles en paroissent affectées : toutes baissent la tête, et paroissent immobiles. Tout cela dure jusqu'à ce que la reine, chassée partout des cellules royales, où sont renfermées de jeunes reines, s'agite, court à droite et à gauche, et communique aux abeilles son agitation et ses mouvements, qui sont suivis d'un prompt départ; c'est la sortie de l'essaim. On les voit sortir en foule, et se répandre dans les environs, quelquefois pendant un quart d'heure, quelquefois plus ou moins, jusqu'à ce qu'elles se posent en groupe, sur une branche d'arbre, sur les haies, quelquefois sur une branche de bois mort et sec, et quelquefois enfin à terre.

Ordinairement, la jeune reine la plus âgée de toutes celles qui ne sont pas encore sorties de leurs cellules, en sort le jour même de la sortie de l'essaim, et remplace l'ancienne qui vient de partir, parce que les abeilles qui l'avoient empêchée de sortir de sa cellule dans la crainte que la reine mère ne la tuât, la laissent libre de sortir. Mais elles continuent à faire la garde autour des autres cellules, où la nouvelle reine iroit aussi les chercher et leur ôter la vie, si elles n'y prenoient garde. Il peut arriver que dans l'agitation occasionnée par la sortie de l'essaim, quelques-unes des jeunes nymphes royales que les abeilles retenoient malgré elles dans leurs cellules, s'en échappent et sortent avec l'essaim. Mais le lendemain on trouve une reine morte devant l'entrée de la ruche. Enfin il ne peut rester qu'une seule reine dans une ruche. Ce seroit un phénomène s'il y en avoit deux.

Si, lorsque de jeunes reines sont détenues malgré elles dans leurs cellules, il survient plusieurs jours de suite des temps froids ou pluvieux, les essaims de ces ruches sont manqués pour l'année. Si une ruche essaime dès le commencement de la bonne saison, comme vers le 15 de mai, pour les environs de Paris, ce sera un avantage qu'elle donne un second essaim, qui aura le temps de se fournir de provisions pour l'hiver. Mais si elle ne donne son premier essaim que vers le 15 ou le 20 de juin, ce seroit un désavantage qu'elle en donnât un second, à moins qu'on ne semât du sarrasin, ou blé noir, dans le canton, attendu que cette plante fleurit tard. Il peut donc être avantageux qu'une ruche vous donne deux essaims de bonne heure ; mais un troisième est très-rarement avantageux ; il laisse la mère ruche, qu'il abandonne, presque dénuée de mouches, et lui-même, qui ne peut être que peu nombreux, aura peine à amasser des provisions suffisantes pour l'hiver. Je n'ai presque jamais vu un troisième essaim réussir, non plus que sa mère ruche, ou bien il faudroit une année des plus favorables, ce qui est rare.

Quant aux climats plus chauds, ou plus froids que celui de Paris, et en général de la France, c'est aux personnes qui y sont, et qui les connoissent à se régler en conséquence.

Lors donc qu'un second, un troisième et même un premier essaim vient trop tard pour le climat ou le canton où on se trouve, il faut les rendre à leurs mères ruches ; car, après trente ans d'expérience, je ne connois encore aucun moyen certain pour empêcher les mères ruches d'essaimer quand elles sont disposées à le faire, à moins qu'il ne soit question de ruches composées de hausses, sur lesquelles on peut tenter un moyen qui m'a réussi assez souvent. Nous en parlerons tout-à-l'heure à l'article des essaims artificiels ; car jusqu'ici il n'a été question que des essaims qui viennent naturellement et d'eux-mêmes.

Des essaims venus au commencement de la bonne saison , pourront jeter eux-mêmes six ou sept semaines après leur sortie ; mais il est prudent de les rendre à leur mère , à moins qu'on ne soit en pays de sarrasin , ou d'autres plantes qui fleurissent tard.

Vous rendrez donc à leurs mères , pour les climats situés à-peu-près comme notre France , 1°. Les premiers essaims qui viendront après le 20 ou le 25 de juin. De ceux-là même il y en aura qui ne vaudront rien , si l'année n'est pas favorable. 2°. Les seconds essaims qui jetteront , après le 15 du même mois , à moins qu'ils ne soient presqu'aussi forts que le premier , et qu'en soulevant la mère ruche , on n'y voie encore un bon nombre d'abeilles , sans quoi la mère périroit probablement l'hiver suivant , faute de monde suffisant et de provisions.

Voici la façon de les rendre à leurs mères. Le soir du jour de leur sortie, ou même une demi-heure environ après les avoir reçus dans une ruche ordinaire bien préparée , on condamne l'ouverture ou le bas de la ruche avec une serviette claire, ou tout autre chose d'équivalent qui ne leur permette pas d'en sortir. On peut même attendre à le faire jusqu'au lendemain avant le soleil levant. Vous les laissez tranquilles à l'ombre, jusque vers midi, et même, si on le veut, jusqu'au soir. Il ne faut pas qu'il y ait dans la ruche dans laquelle vous recevez ces essaims, de bâtons en croix, ou autrement, comme il y en a dans les ruches ordinaires, afin que les mouches ne puissent pas s'y accrocher.

Alors on prend la ruche où est l'essaim, on l'apporte auprès de sa mère, on lève et on retire doucement cette ruche de sa place, on la pose à terre ; on prend la ruche où est l'essaim, on la pose sur la planche à la place où étoit la mère qu'on vient d'ôter, et au moyen de deux ou trois coups de poing bien appliqués sur le haut de cette ruche, vous en faites tomber toutes les abeilles sur la table où elle est posée, et vous les recouvrez aussitôt avec la mère ruche que vous aviez ôtée de sa place et posée à terre, et tout est fait. Les abeilles de l'essaim regagnent leur ancienne habitation, et on les y reçoit bien. Comme en posant la mère ruche sur ce tas d'abeilles, on pourroit en écraser plusieurs sous les bords, la prudence veut qu'on y place d'avance deux bâtons pour l'y poser. On peut mieux encore : on peut poser d'abord sur la table une hausse roide, de la grandeur du bas de la ruche, et y faire tomber les abeilles de l'essaim, et ensuite poser la mère ruche sur cette hausse pleine d'abeilles, qui remonteront toutes avec leurs anciennes compagnes. Il ne faut pas être long à remettre la mère sur la hausse remplie d'abeilles. Cette dernière façon vaut mieux, en ce que les jeunes mouches ne se répandent pas sur les bords après être tombées. Je crois qu'il vaut mieux aussi ne faire cette opération que vers le soir, un peu après le soleil couché. Si la hausse étoit trop grande, on mettroit dessus deux bâtons de quatre ou cinq lignes de diamètre, sur lesquels on poseroit les ruches l'une après l'autre.

Lorsque tout l'essaim est remonté, on ôte la hausse pour poser la ruche sur la table, comme elle y étoit auparavant.

Si, comme le font ordinairement les gens de la campagne, on rendoit son essaim à la mère, le jour même ou le soir du jour de sa sortie, il arriveroit souvent qu'il sortiroit une seconde fois le lendemain ou le surlendemain. Il arrive même que, malgré cette précaution, on en voit sortir encore, mais rarement , tout au plus un sur sept , ou huit, et en le lui rendant la seconde fois , il ne sort plus. Il y a ici un avantage encore. Les seconds et troisièmes essaims sont sujets à partir de la ruche où on les a reçus quelques heures après qu'ils y sont, et quelquefois une demi-heure après , pour aller chercher une habitation au loin. Et en les retenant dans leur ruche par le moyen d'une toile , vous ne craignez pas cet inconvénient, et de deux mauvaises ruches que vous auriez eu , vous en faites une bonne.

Il y a des ruches qui se conservent bonnes , six et même huit ans, j'en ai eu qui m'ont donné de bons essaims pendant huit ans ; mais ces exemples sont rares , et le plus sûr est de renouveller ses ruches tous les quatre ou cinq ans , quand la cire y devient trop vieille. Lors donc qu'une ruche de cet âge vous donnera un second essaim , après le 20 de juin , au lieu de rendre cet essaim à sa mère , vous donnerez la mère à l'essaim en la transvasant (1), ou en la faisant sor-

____

(1) La transvasion est une opération beaucoup plus facile qu'on ne l'imagine, et sans qu'on ait lieu de craindre l'aiguillon. Elle ne se fait ordinairement que vers le soleil couchant et un peu avant.

On commence par préparer une ruche

tir de sa ruche , pour la faire ensuite passer dans celle où vous avez reçu son second essaim , ce qui se fait ainsi : cette
ruche étant transvasée , le soir même du
jour de la sortie de son second essaim ,
ou vers le soleil couchant , et même le
soir du lendemain , si les circonstances
n'ont pas permis de la traverser le jour
même , vous prenez cette ruche que vous
renversez la gueule en haut , en la maintenant dans cette situation par quelque
moyen facile à imaginer. Ensuite vous
prenez la ruche où se trouve l'essaim ,
et la posez sur cette première : cela fait,

---

comme pour y recevoir un essaim. La veille
du jour où on veut le faire , ou le matin , on
lève un peu la vieille ruche au-dessus de la
planche sur laquelle elle pose , et on la maintient dans cet état avec trois petites cales. Le
moment de la transvasion venu , on place la
ruche vide à côté de soi , la gueule en haut ,
et soutenue en cet état , en mettant le haut
dans un trou pratiqué en terre ou autrement.
On prend la vieille ruche , et on la pose doucement sur la ruche vide. Alors on environne
les deux ruches ensemble d'un grand sac, ou
d'une pièce de toile , et on fait passer autour
une ficelle de plusieurs tours , afin qu'aucune
abeille ne puisse en sortir. On renverse les
deux ruches sens dessus dessous ; la ruche
pleine dessous. Alors on pose sur ses genoux
cette ruche pleine ; et on la frappe des deux
côtés avec le plat des mains ; d'abord douce-

vous donnez contre la ruche de dessous quelques coups assez légers, avec les mains, pour agiter un peu les abeilles, et les engager à monter plus vite dans la ruche supérieure. On prête l'oreille pour voir si on entend beaucoup de bruit dans la ruche supérieure, ce qui prouve que les abeilles y sont montés. Alors on sépare les deux ruches, et on met l'essaim à la place qu'occupoit la mère.

Il y a une façon de les joindre à leurs essaims, après les avoir traversées, c'est de poser une nappe à terre, et toujours le soir, de placer ensuite sur cette nappe deux bâtons gros comme le pouce : alors vous prenez vos deux ruches, vous posez sur les deux bâtons la ruche où sont les

---

ment en commençant par le bas, et ensuite plus fort en remontant peu à peu, jusqu'à ce que, prêtant l'oreille à côté de la ruche supérieure, on y entende un grand bruit ; ce qui prouve que les abeilles, et la reine surtout, y sont montées. Ensuite on sépare les deux ruches, et on remet celle où sont les abeilles à la place où étoit la ruche pleine ; après quoi on prend la vieille ruche, et on va la secouer près de celle où sont les abeilles pour en faire sortir celles qui pourroient y être restées, et on emporte la vieille ruche à la maison. Cette opération demande ordinairement environ une demi-heure ; quelquefois plus, quelquefois moins.

abeilles transvasées, et au moyen de deux ou trois coups de poing bien appliqués , comme il a déjà été dit, vous en faites tomber les abeilles sur la nappe , et vous posez doucement l'autre ruche sur les deux bâtons , pour en écraser le moins possible. On laisse cette ruche tranquille l'espace de deux ou trois heures , et on la porte ensuite à la place qu'occupoit ci-devant la mère , ou bien vous attendez pour l'y remettre, jusqu'au lendemain , avant le soleil levant.

Mais avant que de la remettre à sa place , il y a quelques opérations à faire. 1°. Il faut lui rendre le couvain que vous avez trouvé dans la vieille ruche transvasée. On sépare les endroits des gâteaux où il y en a. Pour peu qu'on ait de pratique , il est aisé de les distinguer des alvéoles remplis de miel. Mais quand il y resteroit un peu de miel, ce ne seroit pas un mal ; il les nourriroit, si les jours suivants étoient mauvais. Ces couteaux de couvain mis de côté, on prend un cercle de tamis moins grand que la gueule de la ruche où vous voulez les placer, et au moyen de quelques petits trous pratiqués dans la largeur de la planche de la hausse , et de quelques fils d'archal , vous arrangez ces couteaux dans cette hausse , ou tamis , à-peu-près dans la même situation où ils étoient dans leur ruche. Si un seul cercle de tamis ne suffit pas, on en met deux l'un sur l'autre : cela fait, vous ôtez la ruche de sa place, si vous les y avez déjà mise, vous y posez votre cercle de tamis, rempli de couvain, et vous placez la ruche dessus. En ne laissant de jour que la porte, de crainte que les abeilles étrangères sentant le miel qui est dans le cercle de tamis, ne viennent les piller, ce qui seroit un grand mal. Pour l'éviter, on ne place le cercle de tamis, que vers le soleil couchant, et même plus tard. Les abeilles prendront soin du couvain, et il y viendra à bien, comme il seroit venu, s'il fut resté dans la première ruche, et on aura une ruche toute nouvelle et de bonne espérance, pour l'année suivante.

Au bout de trois semaines, on ôte le cercle de tamis, parce qu'alors le couvain sera probablement tout éclos. S'il ne l'étoit pas, on attendroit plus tard.

Si la ruche étoit composée de hausses, au lieu de placer les couteaux sous la ruche, on les mettroit dessus, dans une hausse garnie d'un couvercle. Comme il arriveroit alors que les abeilles attacheroient leurs nouveaux gâteaux à ceux que vous auriez mis dans cette hausse, une attention à avoir, sera de poser sur

la hausse supérieure de la ruche , après
en avoir ôté le couvercle , une planche
percée de quelques ouvertures de huit à
dix lignes. Sur cette planche , on pose la
hausse sur laquelle on a mis un couvercle bien fermé. On peut ôter cette
hausse trois semaines après ou plus tard,
et la laisser même jusqu'à l'année suivante.

CHAPITRE XI.

Façon de recueillir les Essaims.

Lorsqu'un essaim est en l'air, il semble qu'il ne seroit pas sûr d'en approcher de trop près ; on se tromperoit. Jamais les abeilles ne sont plus douces et moins redoutables que dans cette circonstance ; elles se soumettent à des opérations, à des déplacements, à des transports, à des tracasseries qu'on ne tenteroit pas un autre jour : c'est une troupe d'enfants qui suivent leur mère à la promenade, et qui ne pensent qu'à se réjouir. Il y en a cependant quelques-unes, mais peu, qu'il n'est pas sûr d'approcher sans pré-caution, principalement dans les jours chauds, et encore plus lorsque le miel donne dans la campagne. J'ai cru m'être aperçu qu'en général les plus méchants étoient, par la suite, les meilleurs ouvriers.

Voici les préparatifs nécessaires pour les recueillir. On prépare de bonne heure ses ruches, pour n'être pas pris au dé-pourvu. Lorsque vous voyez l'essaim en l'air, il faut l'arroser copieusement avec un balai trempé dans l'eau ; ce qui l'engage à se rabaisser, et à se poser sur quelqu'arbre, haie ou buisson. D'autres leur jettent des poignées de sable fin, ou de la terre sèche bien pulvérisée. Je crois l'eau meilleure. D'autres tirent un coup de pistolet. Au reste, on peut se dispenser de tout cela. Le plus souvent je n'y faisois rien, à moins que je ne visse l'essaim rester trop long-temps en l'air, et faire mine de partir pour aller s'établir dans quelque creux d'arbre ou ailleurs; ce qui arrive quelquefois, surtout aux seconds essaims et aux troisièmes.

On sait qu'on ne doit faire usage d'une nouvelle ruche, qu'après l'avoir préparée, comme il faut. Les uns en frottent l'intérieur avec des feuilles de fève, d'autres avec des feuilles de coudrier, d'autres avec un peu de miel. Mais je crois tout cela peu nécessaire : la plupart du temps, je n'y fais autre chose que de tenir les ruches bien propres, et surtout de n'y laisser aucun cocon, aucune enveloppe de papillon, ou de ces espèces de chenilles, qui ne vont que trop souvent faire leur nid dans les ruches pleines de miel; il suffiroit de l'une de ces enveloppes, pour faire partir l'essaim.

S'il est placé à hauteur d'homme, je me contente de prendre ma ruche par la poignée : je la tiens d'une main, et de l'autre je secoue rudement la branche, si je peux la saisir avec la main. Il faut surtout avoir soin de faire entrer le bout de votre essaim le plus avant qu'il est possible dans l'intérieur de la ruche. Si l'essaim est élevé, vous mettrez votre ruche dans une machine de fer ou de bois, qu'on appelle une *bascule*. C'est un carré assez grand, pour contenir la ruche, qui y est soutenue par deux fils de fer en croix par dessous. On emploie pour cette bascule un bâton proportionné à la hauteur où est l'essaim. Si la branche étoit trop grosse pour être secouée, on l'y feroit tomber, avec un petit balai, fait de branches garnies de leurs feuilles attachées au bout d'une perche, ou de quelqu'autre manière. Si enfin on n'avoit point de bascule, on iroit le chercher, où il seroit, avec une échelle, et quand le plus gros de l'essaim est tombé dans la ruche, on la couvre avec une serviette, et on la descend. Un autre expédient seroit d'avoir un sac, dont l'ouverture se fermeroit avec des cordons, à peu près comme le perruquier ferme une bourse à cheveux, en la plaçant sur la tête. On y feroit tomber le gros de l'essaim : on tire les ficelles, qui iroient jusqu'à terre. Lorsqu'il seroit descendu, on le feroit entrer dans une ruche préparée, comme il convient. Au reste, dans ces sortes de circonstances, on fait comme on peut. S'il arrivoit que la reine se trouvât dans un peloton, qui seroit tombé à terre, on placeroit la ruche dessus; mais dès que le plus grand nombre des abeilles est sous la ruche, surtout la reine, cela suffit : les autres iront les joindre.

Lorsqu'après avoir reçu un essaim dans une nouvelle ruche, vous la posez à terre, il faut avoir toujours l'attention de la poser sur deux bâtons, afin qu'il y ait de l'air tout autour de la ruche. Ordinairement on pose cette ruche sur un banc, ou sur des planches où on la laisse jusqu'au soir. Cependant mon usage est assez de les porter, quand elles sont toutes rentrées, à la place que je leur destinois, dans la crainte qu'un autre essaim, qui jetteroit quelque temps après, ne vint s'y joindre, comme cela arrive souvent, quand on en a beaucoup; ou bien il faut couvrir la ruche avec une grande nappe, quand l'autre jette.

Quoiqu'un essaim soit reçu dans sa nouvelle ruche, il y a toujours un certain nombre d'abeilles qui retournent à l'endroit où l'essaim s'étoit posé, et qui ont peine à le quitter; on les en chasse avec de la fumée, qu'on passe dessous, ou avec des herbes de mauvaise odeur dont on le frotte, pour les en éloigner, telles que les fleurs de sureau, de rhus, ou avec la plante qu'on appelle ligneuse ou grande bardanne. Mais souvent je ne fais rien, et elles s'en vont d'elles-mêmes à la fin, pourvu que la reine n'y soit pas restée: ce qu'on reconnoit à la grosseur du peloton: alors il faudroit les faire tomber de nouveau dans la ruche. Il peut arriver aussi, si c'est un second ou un troisième essaim, qu'il s'y trouve plusieurs reines, dont l'une se r'attacheroit à cet endroit et y seroit suivie d'un certain nombre d'a-beilles, il faut toujours les remettre dans la ruche, ou bien vous les faites tomber dans une autre ruche vide, pour aller les faire tomber à terre, le plus près de la ruche, où sont les autres ; mais ces cas sont rares. Une excellente pré-caution, pour engager vos essaims à se poser plus commodément pour vous, et plus vite, est celle d'enfoncer en diffé-rents endroits du jardin, des piquets de sept à huit pieds de longueur, au haut desquels vous liez une botte de feuillages ou branchages garnis de leurs feuilles: vous les tournez de façon qu'une de leur plus grande surface regarde le soleil de midi, et par conséquent l'autre le nord. Quand ces branches sont sèches, vous voyez le plus grand nombre des essaims venir se poser dessus. L'essaim s'y attache du côté qui regarde le nord, pour être à l'abri du soleil ; car lorsqu'un essaim se pose , il le fait ordinairement à l'ombre ; et dans le cas où il seroit exposé au soleil , votre premier soin , avant de le recueillir , doit être de lui procurer de l'ombre , de crainte qu'un rayon de soleil trop vif ne l'engage à partir.

Dès que l'essaim est dans la ruche posée sur ses deux bâtons, il faut la mettre à l'ombre , en posant dessus des branchages , ou tendre une nappe du côté du soleil , en sorte qu'elle soit toujours à l'ombre, jusqu'à quatre heures et demi ou cinq heures ; sans quoi la chaleur pourroit le faire partir. Si on le met d'abord sous le rucher , on est dispensé de cette attention.

Quelquefois un second essaim abandonnera sa ruche , ou entrera dans celle d'à coté, si c'est aussi un essaim , et ira s'y établir avec les autres , même deux et trois jours après l'avoir reçu dans sa ruche. Ces allées et venues durent quelquefois trois ou quatre jours : pour prévenir cet inconvénient , il est prudent de placer ces seconds essaims seuls dans différents endroits du jardin, ou sous le rucher éloigné des autres ruches.

Si votre essaim se posoit à terre, ou dans le beau milieu d'une haie, on pose la ruche dessus, élevée sur ses deux bâtons : quant à la haie, on tâche de poser le bord de la ruche dessus ou tout près : et on fait comme on peut dans ces circonstances. Quelquefois, si je ne peux approcher la ruche de l'essaim, je me contente de placer la ruche dessus dans la haie, à trois ou quatre pouces de l'essaim, et elles y montent à la longue.

Si enfin plusieurs essaims jetoient ensemble et qu'ils se joignissent, alors on couvre le premier posé, avec un drap bleu, si on en a le temps ; si plusieurs se sont joints ensemble, je les reçois tous dans une grande ruche, quand elles ne sont pas en trop grande quantité, ou je les sépare, en deux ou trois ruches, et je pose les ruches sur leurs bâtons, à douze ou quinze pouces l'une de l'autre ; si elles ont chacune une reine, elles y resteront : sinon elles iront rejoindre l'une ou l'autre ruche des voisines.

Tout essaim médiocre qui viendra après le 15 de juin, doit être reçu dans une petite ruche de paille ordinaire, c'est-à-dire, de dix à onze pouces de diamètre, et de douze à treize de hauteur.

CHAPITRE

CHAPITRE XII.

Des Essaims artificiels, ou façon de faire soi-même ces Essaims, sans être obligé d'attendre qu'ils viennent d'eux-mêmes.

LE principal objet dans l'art d'élever les abeilles, est celui d'avoir des essaims, et surtout de les avoir dès le commencement de la bonne saison : c'est là le grand point, ainsi que celui de les conserver pendant l'hiver, pour celles qui ont à passer des hivers rudes, comme dans nos climats.

Jusqu'ici on n'a connu d'autre moyen d'avoir des essaims, que celui d'attendre qu'ils viennent d'eux-mêmes. Mais il s'y trouve des inconvénients qui en diminuent souvent le nombre. 1°. La personne chargée du soin de les veiller, peut se négliger et s'endormir, et vous laisser perdre un ou plusieurs bons essaims. 2°. Il n'arrive que trop souvent de voir le plus grand nombre des ruches qui ne donneront aucun essaim de toute la campagne ; j'ai vu des années où plus des trois quarts des ruches sont restées

D

sans essaimer. Mais il est assez commun de ne voir essaimer que la moitié ou les deux tiers des ruches. 3°. Un assez grand nombre des essaims ne sortent ordinairement de leur ruche que lorsque la saison est déjà avancée, et qu'ils n'ont plus le temps d'amasser des provisions en quantité suffisante pour passer l'hiver. Aussi voit-on ordinairement la plupart de ces essaims tardifs, périr avant la fin de l'hiver, à moins qu'on ne leur ait fourni du miel abondamment, ce qui est dispendieux, et n'est pas toujours sûr, ou qu'il n'y ait du blé sarrasin dans le canton, ou autre plante dont la fleur soit tardive. 4°. Les seconds et les troisièmes essaims sont sujets à s'envoler au loin, sans qu'on puisse les suivre, et on les perd : de plus, il y en a qui abandonnent leur ruche quelques jours après y avoir été déjà reçus. 5°. De quatre ou cinq essaims qui jetteront en même-temps, et qui se joignent tous, on a peine à en faire quelquefois deux ou trois, ce qui forme une perte réelle.

Tous ces inconvénients sont considérables, et ne sont que trop bien connus de tous ceux qui ont des abeilles, et on les prévient en faisant ces essaims soi-même, quand on le veut, comme on va donner les moyens de le faire. Objet important pour la pratique de cet art.

PREMIER MOYEN.

1°. Pour la réussite du premier de ces moyens, il est nécessaire d'avoir en sa possession une jeune reine, et on s'en procure une, et quelquefois plusieurs de la façon suivante.

Quand une ruche essaimera pour la seconde ou pour la troisième fois, dès l'instant où vous verrez partir l'essaim, courez vite à cette ruche, et ne craignez pas l'aiguillon; car elles sont très-douces dans cette circonstance. Allez donc vous mettre tout contre et à côté de cette ruche, et regardez-les sortir avec attention : il sera rare que vous n'aperceviez pas sortir une reine, et quelquefois plusieurs qui s'arrêteront et tourneront un certain temps devant l'entrée de la ruche. Alors vous la couvrirez d'un verre, et vous voilà tout naturellement en possession d'une reine. Ne craignez pas que l'essaim en soit dépourvu, il y en a toujours plusieurs dans les seconds, et plus encore dans les troisièmes essaims.

Si vous n'avez pas été assez subtil pour arriver à temps, car c'est surtout au commencement de la sortie de l'essaim, qu'il faut y être, ou que dans le grand nombre d'abeilles qui sortent en foule de cette ruche, votre vue n'ait pas été assez bonne pour y distinguer une reine dans la confusion, suivez votre essaim, et dès qu'il sera posé dans quelqu'endroit accessible, ou plutôt dès qu'il commencera à le faire, examinez attentivement tout le contour du peloton, et saisissez, en les faisant tomber dans un verre, toutes les reines que vous y apercevrez, et vous en verrez souvent plusieurs. C'est un moyen qui m'a presque toujours réussi. Quant à la reine, qui doit rester avec l'essaim, elle est toujours dans le peloton, et non à la superficie. Ainsi, on ne craint pas d'en priver l'essaim.

Lorsque l'essaim dont il s'agit est un de ceux que vous voulez rendre à leur mère, comme il a été expliqué pages 57 et 58. Si, après avoir fait ce qui vient d'être dit, vous n'ayez pu vous mettre en possession d'une reine, alors vous recevrez cet essaim dans une ruche ordinaire, et quand le plus grand nombre des abeilles y sera entré, vous boucherez la ruche avec un gros linge, comme il a été dit ci-devant, et vous mettrez cette ruche à l'ombre, en lui donnant de l'air par-dessous.

Le lendemain, de grand matin, c'est-à-dire avant le soleil levant, munissez-vous d'une cuillère à pot ordinaire, telle que celles qu'on voit dans les cuisines; prenez votre ruche, développez-la, et allez vous mettre devant la ruche d'où l'essaim est sorti : mettez une planche large devant cette ruche, posant à terre d'un côté, et de l'autre contre le bord de la table, à l'entrée de la ruche ; alors vous prendrez dans la ruche où est l'essaim avec votre cuillère à pot, autant d'abeilles que vous pourrez y en faire entrer, et vous les poserez doucement sur le haut de la planche, proche et devant l'entrée de la ruche, et vous les y verrez toutes remonter avec des marques de satisfaction. Examinez-les bien alors, et vous verrez sûrement la reine dans le nombre, sur laquelle vous poseriez doucement un verre. Si elle n'est pas dans le peloton des premières, elle sera dans l'un ou l'autre des suivants. Pour plus de facilité, on pourroit placer à l'entrée de la ruche une espèce de peigne qui permettroit aux abeilles communes de passer, et au travers des dents duquel la reine ne pourroit le faire. Les mâles, il est vrai, ne pourroient pas passer ; mais dès qu'on auroit la reine, on ôteroit le peigne.

D 3

Si, enfin, ces différents moyens ne pouvoient pas vous procurer de reines, en voici un qui vous procurera sûrement toutes celles de l'essaim. Le mal est qu'il soit plus long, et pas si facile que les précédents.

Vous commencerez par emplir d'eau, aux deux tiers, un tonneau défoncé par un bout; vous développerez votre ruche, que vous enfoncerez sur-le-champ dans l'eau, la gueule en bas, jusqu'à ce qu'on ne la voie plus; vous la tiendrez en cet état un bon demi-quart d'heure et plus, c'est-à-dire jusqu'à ce que les abeilles vous paroissent toutes mortes ou mourantes; ce qui s'appelle *baigner* les abeilles. Quoiqu'elles vous paroissent mortes, elles le sont si peu, qu'après les avoir retirées de l'eau doucement avec une écumoire, et posées sur une nappe blanche placée à l'ombre ou sur une table, et, enfin, après vous être emparé de toutes les reines de l'essaim, en les y cherchant avec attention, vous les verrez s'envoler toutes, et regagner leur ruche lorsqu'on les aura portées au soleil pour les réchauffer plus vite. J'ai fait cette opération cent fois, et elle m'a toujours réussi. Elle réussira d'autant mieux, que l'eau sera plus abondante et plus fraîche; car si elle étoit tiède, il en périroit un certain nombre ; et on a, de cette façon, à sa disposition toutes les reines de cet essaim.

Quoiqu'on ne puisse faire cette opération qu'avec des seconds et des troisièmes essaims, il arrive tous les ans que le tiers de vos ruches ont jeté deux et trois fois, que les deux autres tiers n'ont pas encore pensé à donner leur premier. A mesure que vous trouvez une reine, il faut l'essuyer légèrement avec un linge ou un mouchoir fin.

DEUXIÈME MOYEN.

Si, au lieu de laisser retourner l'essaim à sa mère, après lui avoir pris toutes ses reines, on vouloit au contraire former une ruche de cet essaim, il faudroit lui laisser une reine ; et au lieu de laisser retourner les mouches à leur mère, il faudroit les renfermer dans une très-grande ruche, qu'on tourneroit la gueule en haut pour les sécher plus vite. Il conviendroit même de boucher l'ouverture de cette ruche avec un treillage de fil d'archal ou avec une claie d'osier, afin que l'air y circulât plus librement. Si le soleil n'est pas trop ardent, on peut y exposer l'ouverture de cette ruche. Lorsqu'on a lieu de croire l'essaim suffi-

samment séché , on va le placer à l'ombre jusqu'au soir , en posant la ruche la
gueule en bas ; s'il fait chaud , on la pose
sur deux petits bâtons. Le soir venu , on
fait tomber l'essaim sur une nappe , et
on pose dessus la ruche qu'on lui a préparée , ainsi qu'il est expliqué page 62 ;
et le lendemain de grand matin , on va
placer cet essaim sous le rucher comme
les autres. Au lieu d'une ruche vide , si
on en avoit de l'année précédente où il
se trouvât encore quelques gâteaux de
cire blanche et propre , on y feroit entrer l'essaim. Elles y travailleroient de
meilleur cœur. On peut y attacher soi-
même des gâteaux en haut de la ruche.

CHAPITRE XIII.

Emploi des jeunes Reines.

Après s'être pourvu de reines comme il vient d'être expliqué, on prend un moment dans la journée où les mouches sont dans le fort de leur travail, et toujours le plutôt possible ; on prépare une ruche vide, comme il a déjà été dit : on choisit dans le nombre de ses ruches celle qui paroît la mieux fournie de mouches. On apporte près de cette ruche une reine renfermée dans son verre, et à laquelle on a toujours laissé un peu d'air ; on la fait tomber dans un autre verre à moitié plein de miel détrempé avec un peu d'eau pour le rendre liquide, et on enfonce cette reine dans le miel, en la poussant avec le doigt pour l'en imbiber tout-à-fait, afin qu'elle ne puisse plus voler.

Alors on ôte la ruche de sa place, et on la pose sur deux bâtons placés à terre, ou sur une planche ; et vous mettez une ruche vide bien préparée à la place de celle-là. Vous mettrez quelques morceaux de cire sur la planche pour amuser les abeilles. Huit ou dix minutes après, vous posez votre reine engluée de miel sur la place qu'occupoit la ruche, et tout au milieu des abeilles, qui doivent s'y trouver en grand nombre, si la ruche étoit bien peuplée. Aussitôt vous couvrez le tout avec la ruche vide, en observant d'en tourner la porte du côté où elle doit être. Si vous avez attaché en haut de cette ruche quelques gâteaux de cire, elles y remonteront beaucoup plus vite ; et voilà votre essaim fait. Celles qui reviennent des champs à chaque instant vont se joindre aux autres, après avoir fait paroître d'abord quelqu'étonnement. Le soir tout est tranquille, et votre essaim est formé. J'oublie que pendant l'opération, il sort toujours un certain nombre d'abeilles de la mère ruche posée à terre à côté. Elles viendront se joindre aux autres, et serviront à grossir l'essaim. S'il n'étoit pas assez fort, vous pouvez le rendre aussi peuplé que vous le voudrez. Vous n'avez qu'à frapper légèrement avec une baguette contre les parois de la mère ruche posée à terre, vous en ferez sortir autant d'abeilles qu'il vous plaira, qui viendront se joindre à votre essaim. D'ailleurs, le lendemain, et dans les trois jours qui suivront la formation de votre essaim, il en reviendra encore un certain nombre de celles qui sortiront joindre l'essaim.

Quant à la mère ruche, on la posera sur une planche, et on la portera à un autre endroit du rucher ou ailleurs, qui soit éloigné de celui où elle étoit, et où est actuellement l'essaim. Elle sera ordinairement deux ou trois jours sans sortir qu'en petit nombre ; mais le troisième ou quatrième jour, elle travaillera à l'ordinaire, ou, tout au plus tard, le cinquième jour.

Je n'ai pas encore fait usage de ce moyen, mais je le crois bon.

Troisième et quatrième Moyens.

Ce troisième moyen et les suivants, supposent la connoissance de ce que nous avons dit à l'article de la reine, et qui est exactement vrai ; savoir : que *tout ver destiné à produire une abeille ouvrière, et éclos depuis deux ou trois jours, peut devenir une reine, en ce sens que la première organisation de ce ver, n'a besoin que d'être développée par les circonstances, pour caractériser son sexe* : C'est-à-dire, que s'il se trouve dans une ruche, qui vient de perdre sa reine, de ces vers éclos, depuis deux ou trois jours, les abeilles en prennent un ou plusieurs, et en font une ou plusieurs reines, pour remplacer celle qu'elles viennent de perdre. On peut être trèsassuré de cette vérité , qui est constatée par un grand nombre d'expériences faites par un très-habile homme, (M. Hubert). Une ruche ayant perdu sa reine , de quelque façon que ce soit, elles en font ensuite quelquefois huit ou dix autres et plus. En conséquence de cette découverte très-intéressante , si on tire d'une ruche remplie d'abeilles et de couvain, dans la saison des essaims , un morceau de gâteau , où il se trouve de ces vers éclos depuis deux ou trois jours , destinés à produire une abeille ouvrière , et qu'en plaçant ce morceau de gâteau , avec les précautions convenables , dans une petite ruche vide , dans laquelle on introduit ensuite trois ou quatre cents abeilles , pour échauffer ce couvain et le faire éclore , ce moyen est suffisant pour se procurer des reines et des essaims , autant qu'on en a besoin , parce que ces trois ou quatre cents abeilles ne manqueront pas de choisir dans le nombre plusieurs de ces vers destinés à produire des abeilles ouvrières , pour en former autant de reines qui serviront à former des essaims, selon les méthodes ci-devant expliquées , et celles qui vont suivre.

Cette découverte est si intéressante , qu'elle va doubler le bénéfice qu'on pouvoit faire sur l'éducation des abeilles , en suivant l'ancienne méthode.

Mais comme ces moyens demandent des attentions, qui sont au-dessus de ce que peuvent leur en accorder les hommes de campagne, je me bornerai ici à deux façons de former ces essaims, en conséquence de cette découverte, qui sont simples et faciles.

La première façon convient principalement aux ruches ordinaires, telles qu'on les voit partout.

Elle consite à transvaser la ruche, vers les trois ou quatre heures de l'après-midi, ou mieux encore, deux heures ou environ, avant le soleil couchant ; mais dans un moment où les mouches sont en plein travail, pour en faire passer le plus grand nombre, et surtout la reine, dans une ruche vide préparée convenablement à cet effet, qu'on bouche exactement avec une nappe ou un mouchoir, aussitôt après la transvasion, pour transporter ensuite cette ruche remplie d'abeilles, et vide de cire et de miel, dans quelqu'endroit éloigné, au moins de trois quarts de lieues de celui où elles étoient. Voyez la façon de transvaser, traverser ou trevasser les ruches, comme le disent les hommes de campagne : *page* 60.

Ce transport pourra paroître gênant : deux hommes avec une civière ou brancard peuvent porter douze ruches à une lieue, en une heure et demie, mais il vaut beaucoup mieux les faire transporter, sans quoi il seroit à craindre qu'une partie de l'essaim ne retournât le lendemain et dans les trois ou quatre jours suivants à sa mère ruche.

Quant à la ruche transvasée, ou à la mère ruche, aussitôt après l'avoir transvasée, on la remet à sa place. Comme on fait cette opération pendant leur travail, et qu'il y a alors environ le quart des abeilles qui sont en campagne, toutes celles qui reviennent des champs, rentrent dans la ruche comme de coutume, et y travaillent à l'ordinaire, quoiqu'après avoir témoigné d'abord de la surprise et de l'étonnement de ne plus y trouver leur reine, et ce quart des mouches suffit pour entretenir la ruche dans une chaleur convenable, et pour y faire éclore le couvain. Si le quart des abeilles ne vous paroissoit pas suffisant, ayez une petite cuillère à pot, et prenez dans la ruche où est l'essaim, une petite cuillerée d'abeilles, en observant de les prendre dans le bas du peloton de mouches, dans la crainte que la reine ne s'y trouve, ou bien faites en tomber une ou deux poignées, avec un brin de balai : elles rejoindront leur mère ruche un moment après.

CHAPITRE XIV.

Attentions à avoir pour cette opération.

1°. Il ne faut pas transvaser les ruches par un temps chaud et gras : il faut un temps tempéré, et même un peu plus froid que chaud, quoique beau, sans quoi la chaleur de l'atmosphère, et celle causée par le mouvement des abeilles dans la ruche, pourroit faire couler le miel et briser les couteaux.

2°. En transvasant, il faut aller doucement, et n'ébranler la ruche que le moins qu'on peut : cette attention est encore plus nécessaire, quand on transvase un essaim de l'année précédente, dont la cire est beaucoup plus fragile que celle des vieilles ruches. 3°. Il n'est pas nécessaire de faire sortir toutes les abeilles de la ruche : au contraire il convient qu'il en reste un certain nombre, pour la repeupler d'autant mieux. Dès que la reine et le plus grand nombre des mouches sont passées dans la ruche vide, c'est suffisant ; pourvu que l'essaim soit assez nombreux. Aussi, au lieu d'une demi-heure qu'on met ordinairement ou à-peu-près à transvaser une ruche, quinze à dix-huit minutes suffisent pour celles-ci. 4°. Si l'air n'est pas plus froid que chaud, on ne doit transporter la ruche, où est l'essaim, qu'un peu avant, ou mieux encore après soleil couché. Jusqu'à ce moment, on les place à l'ombre sur deux bâtons, pour leur procurer de l'air. On peut même ne les transporter que le lendemain au matin; mais il faut arriver le soleil levant. 5°. Quant à la ruche mère, à laquelle on vient d'ôter la reine, on ne doit point s'en inquiéter, si on se rappelle ce qui a été dit précédemment : qu'il dépendoit des abeilles ouvrières d'en faire d'autres, et autant qu'elles le voudroient : et comme cette opération se fait dans le temps des essaims, c'est-à-dire dans un temps où la ruche est pleine de vers éclos depuis deux ou trois jours et autres, les abeilles auront de quoi choisir, pour en faire autant qu'elles le voudront, sans compter qu'il doit se trouver alors dans cette ruche de jeunes reines prêtes à sortir bientôt de leurs cellules royales, ce qui dispenseroit les abeilles d'en former d'autres. 6°. Quand on a ôté la ruche mère de sa place pour la transvaser, il faut y remettre une autre ruche vide, dans laquelle, s'il est possible, il soit resté quelques couteaux , pour amuser les abeilles pendant l'opération , ou en poser quelques-uns sur la planche , et poser la ruche vide dessus , sans quoi , si la transvasion duroit trop long-temps , les abeilles revenant des champs pour-roient entrer dans les ruches voisines , s'il y en avoit. Lorsqu'on remet ensuite la mère ruche à sa place , on retire ces morceaux de gâteaux , qui n'étoient des-tinés qu'à les amuser un moment. 7°. La veille , ou le matin du jour où l'on veut faire cette opération , on élève de quatre ou cinq lignes tout-autour au-dessus de la planche , avec trois petites cales , la ruche forte qu'on destine à cette opé-ration , afin de lui donner de l'air , et que lorsqu'on la tirera de sa place , pour la transvaser , cela ne cause point de se-cousse , qui les mettroit de mauvaise humeur. 8°. On ne doit point faire cette opération avant le temps des essaims , pour chaque province , ou pour chaque climat différent; c'est-à-dire qu'on ne doit point le faire , avant qu'on n'ait déjà vu sortir quelques mâles , ou faux bourdons des ruches : par la raison qu'il faut qu'il y ait des mâles dans ces ruches , pour féconder les jeunes reines , avant le ving-tième jour de leur naissance , comme on l'a vu ci-devant , sans quoi ces jeunes reines ne pondroient que des œufs propres à produire des mâles, et la ruche seroit perdue. 9°. La Mère ruche ayant été transvasée, on peut en visiter l'intérieur à son aise, tout au moins dans le bas des couteaux, et si on apperçoit plusieurs cellules de reines, les prendre et n'y en laisser qu'une. Avec ces cellules royales placées convenablement, et attachées sur des gâteaux, on peut former des essaims, comme il a été expliqué ci-devant. 10°. Si enfin trois semaines ou environ après la transvasion, on s'apercevoit que cette ruche manquât de reine, il faudroit lui en donner une qu'on se procureroit de l'une ou de l'autre façon ci-devant expliquée; mais ce cas est très-rare.

Quant à la transvasion que ceux qui ne l'ont pas encore faite ou vu faire, redoutent ordinairement, rien n'est plus facile et moins à craindre, et pour peu qu'on ait de pratique, on n'en manquera pas quelquefois deux sur cent. J'ai vu un particulier qui n'en manquoit pas une. J'ai fait moi-même cette opération cent fois, sans en manquer deux, quoiqu'assurement, lorsque je la fis la première fois, je n'en susse pas plus que les autres. Les huit ou dix premières fois, je croyois devoir me garantir de l'aiguillon, par le moyen d'un camail et des gants de laine;

mais ensuite je ne prenois plus aucune précaution.

Cette façon de former soi-même ces essaims, est d'autant plus précieuse, qu'elle a plus d'étendue, en ce qu'elle convient à toutes les ruches, qu'on voit partout dans les campagnes, soit qu'elles soient de paille, d'osier recouvert de pourjet, ou de toute autre substance : aussi, ai-je appris qu'on voyoit assez communément, dans les campagnes des hommes qui alloient s'offrir aux possesseurs d'abeilles, de leur former leur essaim de cette façon, au moyen d'une certaine rétribution. Il est à souhaiter que l'usage en devienne général.

Pour peu qu'on ait de pratique, on n'en manquera pas, mais quand on en manqueroit un sur dix, on gagneroit assurement encore beaucoup, si on fait attention au grand nombre de ruches qui n'essaiment pas une année portant l'autre, et aux essaims qu'on perd de différentes façons.

CHAPITRE XV.

Autre Moyen pour former soi-même ses Essaims.

CETTE quatrième façon de faire soi-même ses essaims sans être obligé d'attendre qu'ils viennent d'eux-mêmes, ne convient qu'aux ruches qui sont composées de hausses, soit que ces hausses soient formées de paille, d'osier, de planches, de cercles de tamis, ou de toute autre chose. Cette façon est facile.

Pour en faire usage, il suffit de séparer la partie supérieure d'une ruche, de sa partie inférieure ; mais il faut avant tout commencer par mettre une hausse vide dès la veille, ou le matin du jour de l'opération, sous la ruche qu'on veut opérer; pour le faire, il faut 1°. soulever légèrement avec un ciseau de menuisier, ou avec la pointe d'un fort couteau, la hausse supérieure de l'inférieure sur laquelle elle pose, en la séparant un peu de celle-ci à laquelle elle est adhérente, ou contre laquelle elle est collée par l'espèce de colle que les abeilles y ont mise, et qu'on appelle *propolis*. 2°. Il faut mettre de petites cales de bois entre deux, pour donner au fil de fer ou de laiton qui servira à séparer les hausses, la liberté de passer entre deux quand on en fera la séparation. 3e. Alors vous passez doucement, et en sciant, le fil de fer entre les deux hausses qu'il sépare en un instant. Pour rendre plus souple ce fil de fer, on le passe quelques minutes au feu, dans la crainte qu'il ne casse dans l'opération. Il est bon d'en avoir toujours un de relai à côté de soi.

Si la ruche est composée de hausses en nombre pair, comme quatre, six, huit, etc. il faut la couper par le milieu. Si au contraire elle est en nombre impair, comme de cinq hausses, il faut séparer les deux hausses supérieures des trois inférieures, avec l'attention de retourner sens dessus dessous la partie supérieure pour l'examiner, et voir si on y aperçoit du couvain raisonnablement ; car si on n'y en voyoit point, il faudroit remettre cette partie à sa même place sur la partie inférieure, en observant de la remettre comme elle étoit, le devant devant, et le derrière derrière. Mais ce cas est très-rare, et ne peut arriver même qu'à des ruches composées de cinq hausses, qui sont censées être d'environ trois pouces de hauteur chacune.

Si la ruche est de sept hausses, on

séparera les quatre hausses supérieures de la partie inférieure, attendu qu'une ruche composée d'un si grand nombre de hausses pleines, est ordinairement d'un grand poids, et que la plus grande partie du miel se trouvant plus souvent dans le haut de la ruche, il pourroit se faire qu'il ne se trouveroit pas de couvain convenable dans les trois hausses supérieures, si on n'en séparoit que trois ; au lieu que le bas de la ruche est toujours bien fourni de couvain de toute espèce dans cette saison ; car on doit se rappeler qu'il faut des vers éclos depuis deux ou trois jours, pour que les abeilles puissent en former une ou plusieurs reines. M. Hubert a trouvé que dès que le ver est éclos, il est propre à former une reine.

Si enfin votre ruche étoit de neuf hausses, ce qui sera rare, mais arrive néanmoins, lorsqu'on a été obligé de ne faire qu'un seul essaim de plusieurs qui jettent en même-temps, on séparera les cinq hausses supérieures des quatre inférieures ; ou mieux encore, au lieu de deux essaims, on en formera trois, en séparant d'abord les trois hausses supérieures des six inférieures, et deux ou trois jours après, les trois autres hausses supérieures des trois inférieures, ce qui formera trois essaims, à moins qu'ayant jeté la vue sur le bout des gâteaux des trois premières hausses, on n'y ait pas aperçu de couvain convenable, dans lequel cas il faudroit la remettre comme on vient de le dire.

Dans ces différentes opérations, il faut toujours se souvenir que le miel est ordinairement dans le haut de la ruche, et qu'ici nous avons besoin de couvain, et surtout des vers éclos depuis deux ou trois jours, et se régler en conséquence.

AUTRES PROCÉDÉS.

1°. La partie supérieure étant séparée de l'inférieure avec le fil de fer, on l'ôte de dessus cette dernière, et on le pose aussitôt sur une hausse vide, préparée à cet effet, et posée déjà elle-même sur une planche, à côté de la ruche taillée, ou le plus à portée qu'il est possible : lorsqu'il ne se trouve pas de place vide à droite ou à gauche de la ruche, on pose cette hausse vide, posée déjà elle-même sur une planche, pour empêcher les abeilles d'en sortir, sur l'une ou l'autre des ruches voisines, ou enfin à terre. 2°. Cela fait, on remet tout de suite un couvercle sur la partie inférieure qui se trouve découverte, au moyen de la taille qu'on vient d'en faire. Pour le mieux, il conviendroit qu'une autre personne fut là toute prête pour poser ce couvercle aussitôt qu'on aura enlevé la partie supérieure ; mais on peut s'en passer. 3°. On pose une grosse pierre sur le couvercle, et le principal est fait. On peut alors se tranquilliser et prendre un moment de repos. Il n'est plus question ensuite que de lutter les jointures avec du pourjet, pour ne laisser aucun jour, aucune ouverture entre le couvercle et la ruche, comme il faut toujours le faire pour toutes les ruches.

4°. Comme dans ces différentes opérations les abeilles sont dans un grand mouvement, surtout dans la partie supérieure de la ruche où elles sont renfermées, il est nécessaire que les planches sur lesquelles on pose les deux parties de la ruche soient percées d'une ouverture de trois pouces ou environ, sur laquelle sera posée un grillage de fil de fer, ou autre chose qui ne permette pas aux abeilles de sortir, en laissant néanmoins un passage libre à la partie inférieure. Si on a un grand nombre de ruches, on peut avoir une douzaine et plus de ces planches percées et grillées. Pour pouvoir former une douzaine d'essaims de

cette

cette façon en un jour. On peut même en former un plus grand nombre.

5°. Quant à la partie supérieure de cette ruche, qu'on a posée sur une hausse vide posée déjà elle-même sur une planche percée d'un trou et grillée, on la porte avec la planche grillée sur laquelle elle est posée, dans quelqu'endroit obscur du rucher où on la place sur deux bâtons, pour donner de l'air par-dessous, et on la couvre totalement d'une grande nappe double, ou autre chose, afin qu'elle ne voie aucun jour, si petit qu'il soit, ce qui les tranquillise beaucoup plus vite. On les y laisse jusqu'au lendemain, avec l'attention de faire serrer le couvercle sur la ruche, de crainte que les mouches ne puissent sortir. Voilà donc votre ruche séparée en deux parties destinées à former chacune un essaim. Mais comme il y a toujours dans le bas d'une ruche quatre fois plus d'abeilles au moins que dans la partie supérieure, et que par conséquent il doit se trouver quatre fois au moins plus de mouches dans la partie inférieure que dans l'autre, il faut voir à égaliser les choses, afin que les deux essaims soient à-peu-près de même force.

6°. Pour y parvenir, le lendemain du jour de l'opération, vers midi, ou dans

E

l'après-dîner, et dans un moment propre au travail des abeilles, ou le surlendemain, si le temps n'étoit pas convenable (on pourroit même attendre un jour de plus, s'il le falloit,) on apporte la partie supérieure qu'on avoit mise à l'ombre auprès de l'inférieure.

7°. Alors on ôte de sa place cette dernière, avec la planche grillée sur laquelle elle est placée, et on la pose à terre, à côté de soi, pour poser de suite à sa place la partie supérieure sur la planche, comme les autres ruches : il ne faut pas y mettre la planche grillée sur laquelle elle étoit posée, qui est devenue inutile, et tout est fait pour celle-là. Les abeilles qui reviennent des champs, et qui reconnoissent leurs compagnes, rentrent tranquillement dans la ruche, et y égalisent à-peu-près le nombre d'abeilles avec sa partie inférieure. Celle de ces deux parties où se trouve la reine, et c'est ordinairement dans la partie inférieure, est dispensée d'en former une, et l'autre a déjà travaillé dans la nuit à s'en procurer plusieurs, de crainte d'en manquer.

8°. Comme la partie inférieure qu'on vient d'ôter de sa place pour y mettre l'autre, est déjà posée d'avance sur la planche grillée, qu'on baisse alors pour empêcher les abeilles de sortir, on la porte à son tour sous le rucher, à l'ombre comme l'autre, jusque vers le soleil couchant, qu'on la transporte à trois quarts de lieues du rucher, ou à une lieue ; car plus il y a loin, et mieux c'est, et voilà vos deux essaims formés. Au reste, toutes ces opérations sont beaucoup plus longues à décrire qu'à exécuter, car tout cela est facile.

Quant à l'inconvénient de transporter l'une des deux parties au loin, on pourroit absolument s'en dispenser ; mais les choses ne réussiroient pas si bien, et on feroit perdre aux abeilles quelquefois trois et quatre jours d'un temps précieux dans cette saison. Ainsi, je n'en parle pas ; d'ailleurs, si on en a beaucoup, on peut en former douze ou quinze, et plus en un jour, et la quantité diminueroit les frais de transport, qui ne sont presque rien. On convient avec un voisin situé au moins à trois quarts de lieues de chez soi, pour un coin de son jardin, où on ne les laisse que pendant l'été, jusqu'au commencement d'octobre, temps où leur récolte est finie, selon les endroits et les climats : alors on les transporte chez soi.

CHAPITRE XVI.

Ruches de M. Huber.

En parlant de la forme des ruches, j'ai dit que les meilleures étoient celles qui coutoient le moins, et avec lesquelles on pourroit opérer avec le plus de facilité. Celles que j'ai conseillées m'ont paru remplir ces deux conditions; mais sans prétendre qu'on ne puisse pas en imaginer d'autres tout aussi bonnes, et peut-être meilleures.

Les ruches en livres ou en feuillets, que propose M. Huber, me paroissent être excellentes pour se procurer des reines avec facilité, et pour former des essaims. Ce sont précisément mes ruches carrées composées de hausses de bois, qui seroient posées verticalement au lieu de l'être de plat, mais avec des dimensions différentes pour les hausses, qui au lieu d'environ trois pouces de hauteur, n'auroient chacune que quinze lignes, verticalement à côté l'une de l'autre, au lieu d'être posées de plat l'une sur l'autre, et on ferme les deux côtés de la ruche avec des planches. Pour forcer les abeilles à travailler de haut en bas dans le plan de chacun des châssis , on fixe un gâteau dans chaque châssis , et dans le plan de ce châssis , au moyen de quoi les abeilles continuent leurs gâteaux dans le même plan de haut en bas , sans faire communiquer ces gâteaux des différents châssis l'un avec l'autre. Par ce moyen , il n'y en a qu'un de haut en bas dans chaque châssis, ce qui donne la facilité de les séparer l'un de l'autre , pour examiner de chaque bout de ce gâteau ce qui s'y passe , et s'emparer des jeunes reines dont on peut avoir besoin , etc. On peut joindre ensemble , d'un côté , tous ces châssis , avec des bandes de peau qui soient souples. Alors , on ouvre la ruche du côté opposé , comme on ouvriroit un livre.

Si , au lieu de ruches de bois carrées , on veut employer les cercles de tamis , il faut de même ne leur donner à chacun que quinze lignes de hauteur , et attacher aussi dans le haut de chacun d'eux , selon leur plan vertical , un gâteau comme on le fait aux châssis carrés.

Je n'ai jamais fait usage de ces ruches ingénieusement imaginées ; mais elles me paroissent propres à procurer des reines en grand nombre et avec facilité , ou tout au moins des ruches ou des cellules royales , pour en former des

essaims, puisqu'après avoir ôté la reine
à une ruche, on peut quelques jours
après s'emparer de presque toutes les
cellules royales que les abeilles y auront
formées quelquefois au nombre de vingt
et plus.

Avec quelques ruches de cette espèce, on feroit un grand nombre d'essaims, et de bonne heure, qui est l'essentiel; il faut une porte à chaque châssis;
mais ordinairement fermée, et qu'on
n'ouvre que dans certaines circonstances.
On n'en laisse que deux ouvertes aux
deux côtés de la ruche, à droite et à
gauche. Je n'en sais pas davantage. Il
eût été à souhaiter que M. Huber fut
entré dans un plus grand détail.

CHAPITRE XVII.

Façon de former des Essaims avec les Ruches de M. Gelieu.

LES ruches de M. Gelieu sont aussi très-propres à former des essaims artificiels; mais elles n'ont pas l'avantage de forcer les abeilles au travail, comme on le fait avec les ruches composées de hausses horisontales, en plaçant entre la hausse supérieure et les inférieures des hausses vides qui leur font faire plus d'ouvrage en huit jours qu'en quinze : sans compter qu'elles ne placent que du miel pur dans les hausses supérieures, dans les circonstances dont nous parlons.

Si on fait usage de celles de M. Gelieu, il faut tout simplement transporter aussi la mère ruche, à une lieue du rucher, sans quoi l'opération pourroit manquer.

Voici la description et l'usage de ces ruches, pour la formation des essaims.

Elles ont la forme d'une caisse de douze pouces de hauteur intérieure, neuf de largeur, et quinze à vingt de longueur. Dans les pays gras et abondants en miel, on peut leur donner plus de vingt pouces de longueur, sans changer les deux autres

E 4

dimensions. L'épaisseur des planches de ces ruches doit être de six à huit lignes: le couvercle est une planche de cinq à six lignes, et de deux ou trois pièces clouées l'une contre l'autre, sur les bords de la ruche, ce qui vaut mieux que si ce couvercle étoit d'une seule pièce. Cette ruche est ouverte par-dessous, comme toutes celles qu'on voit dans les campagnes. La porte ou l'entrée de cette ruche est placée en bas, précisément au milieu de l'un de ses ~~grands~~ côtés. Cette porte est d'environ trois pouces de largeur, sur un demi-pouce de hauteur. Si les portes des ruches sont formées comme les miennes, dans l'épaisseur même de la planche sur laquelle les ruches sont posées, on sera dispensé d'en faire aux ruches mêmes. Il faut mettre des bâtons en croix, à différentes hauteurs, pour soutenir les gâteaux. Cette ruche construite, comme on vient de le voir, on la scie, du haut en bas exactement par le milieu, afin de la diviser en deux parties égales : au moyen de quoi, une moitié de la porte doit se trouver dans chaque partie de la ruche.

Cette ruche se trouvant ainsi partagée en deux parties égales, il faut prendre deux planches de trois ou quatre lignes d'épaisseur, et d'un pied en carré ; on pratique, au milieu de ces deux planches une ouverture carrée ou ronde, d'environ trois pouces : on ferme chaque côté de la ruche qu'on a ouverte en sciant avec chacune de ces deux planches : on l'y assujettit avec de petits clous. Alors ces deux parties de ruche prennent chacune la forme d'une ruche, mais avec cette différence, qu'au lieu de faire descendre chacune des deux planches qu'on vient d'ajouter jusqu'au bas de la ruche, elle ne descend que jusqu'au-dessus de la porte, en sorte qu'il reste environ un demi-pouce de distance entre la table et la planche. Au moyen de quoi ces deux demi-ruches étant réunies, les abeilles peuvent passer aisément de l'une à l'autre par l'ouverture que laisse la planche en dessous.

On peut tenir ces deux demi-ruches réunies, de plusieurs façons, soit au moyen de cordages tournés tout autour, soit de toute autre façon : ces deux demi-ruches réunies n'en font plus qu'une seule, dans laquelle les abeilles pourront aller de l'une à l'autre par l'ouverture du milieu des deux planches minces, qui répond de l'une à l'autre, par-dessous les planches de séparation, et par la porte.

Ces deux demi-ruches peuvent, comme on le voit, se diviser, ou se réunir à volonté. Quand elles sont réunies, les deux n'en font qu'une; lorsque le peuple augmente, elles passent d'une moitié à l'autre : et lorsque la population est au point de pouvoir former un essaim, et qu'on les divise, chaque moitié forme alors une ruche particulière, dont l'une peut être appelée la mère ruche, et l'autre l'essaim. Pour former cet essaim, il n'est ici question que de séparer les deux demi-ruches, pour former ensuite de chacune, une ruche complète. Celle de ces deux parties, où l'on trouve la reine, dans le moment de la séparation, nous l'appelerons la mère ruche, et l'autre l'essaim. Lorsque cette séparation est faite de quelques heures, la demi-ruche qui se trouve privée de reine, travaille à s'en faire une autre, en choisissant, comme nous l'avons dit, un ou ou plusieurs vers d'abeilles ouvrières, éclos depuis deux ou trois jours, pour en faire autant de reines. D'autres disent qu'au lieu de deux ou trois jours, un seul jour suffit ; mais le plus sûr est qu'ils soient éclos de deux jours.

On sent que puisqu'elles ont besoin de ces vers de deux jours, pour en former une reine, il faut que la ruche soit très-peuplée, à-peu-près autant que le sont celles qui sont prêtes à donner leurs essaims, et qu'il y ait dans les deux demi-ruches de ces vers destinés à donner naissance à des reines, c'est-à-dire, que les deux demi-ruches doivent être à-peu-près remplies de gâteaux ou rayons.

Il faut de plus que cette opération se fasse dans un temps, où on ait lieu de penser que l'essaim aura le temps de ramasser des provisions suffisantes pour l'hiver. Il faut encore que dans la dernière ruche privée de reine, il se trouve déjà des mâles, ou du couvain de mâles destinés à naître quelques jours après, pour féconder la jeune reine future dans les vingt et un jours, qui suivront celui de sa naissance, comme il a été expliqué ci-devant, à moins que des mâles d'autres ruches ne puissent les féconder, et y suppléer (1).

La veille du jour, où on se propose de séparer les deux demi-ruches, après soleil couché, on met sous chaque demi-ruche une planche de cinq à six lignes et un peu plus grande que la demi-ruche ; on approche ces deux planches, l'une contre l'autre, en sorte qu'elles se touchent.

---

(1) Une question intéressante, qui n'a pas encore été agitée, que je sache, est celle de savoir si la reine d'une ruche peut être fécondée par des mâles d'autres ruches.

E 6

Pour faire la séparation des deux demi-ruches, on choisira ou dans l'après-dîner, et de préférence deux ou trois heures avant le coucher du soleil, un moment où les abeilles paroîtront en plein travail ; on reculera à droite et à gauche les deux demi-ruches de trois pouces ; s'il y a communication de gâteaux entre les deux demi-ruches, par l'ouverture du milieu, on l'ôtera avec la pointe d'un couteau tranchant : on appliquera contre le côté où se trouve chaque ouverture, une planche mince de bois léger, de la grandeur de ce côté de la ruche, qu'on fait tenir avec de petits clous, ou autrement, de façon à pouvoir être ôtée facilement. On ne laisse aucune autre ouverture que la porte de chaque demi-ruche ; alors on enlève l'essaim, c'est-à-dire celle où l'on croit qu'il ne se trouve point de reine, avec la planche sur laquelle on l'a posée la veille. J'ai oublié que cette planche doit être percée d'une ouverture de quatre pouces, mais grillée avec du fil d'archal, assez serré, pour ne permettre à aucune abeille de sortir, ni par la porte, ni autrement. On porte cette demi-ruche à l'ombre ; on la pose sur deux bâtons, et on l'y laisse jusqu'au lendemain, où on choisit un moment de travail pour rapporter à sa place cette demi-ruche, après en avoir retiré la mère ruche, avec la planche percée aussi et grillée, sur laquelle on l'a posée la surveille. On la porte à l'ombre comme l'autre, en comdamnant toutes les ouvertures, et on la transporte au soleil couchant à une lieue ou plus du rucher.

Quant à l'essaim, on l'unit à une autre demi-ruche vide, comme il l'étoit avec la mère, et on va faire la même chose à la mère ruche, à l'endroit où on l'a transportée, ou on lui met une hausse.

Quant à l'essaim qui reste sous votre rucher, et qui n'a point de reine, il aura commencé à travailler à en faire une ou plusieurs, pendant la nuit.

Comme il n'est pas à beaucoup près si peuplé que sa mère, en le rapportant le lendemain à sa place dans un moment de travail, et en ôtant la mère ruche, toutes les abeilles qui sont aux champs, y entreront et le peupleront convenablement.

On a imaginé plusieurs moyens, pour se dispenser de transporter les ruches à la distance d'une lieue ou plus ; mais ils ne sont pas sûrs, et il vaut mieux qu'il en coûte le transport d'une lieue qui n'est rien, que de risquer de perdre son essaim, ou de voir son opération manquée, principalement lorsqu'on en fait beaucoup en un même jour.

Nota. Si on n'a pas de rucher, il faut couvrir les ruches de M. Gelieu, comme toutes les autres avec des couvertures de paille, en forme de piramides, que les hommes de campagne nomment chaperons, et avec lesquels ils couvrent les leurs. On met dessus des pierres posées sur deux bâtons plats, de crainte du grand vent.

Je crois ces ruches de M. Gelieu excellentes, pour former des essaims avec facilité; mais je regarde comme préférables encore celles qui sont composées de hausses posées l'une sur l'autre, qui présentent la même facilité pour la formation des essaims, et pour quelques autres opérations, mais avec d'autres avantages que n'ont pas celles de M. Gelieu; en ce que les hausses vides, qu'on leur donne, étant placées vers la partie supérieure des ruches, elles les remplissent de miel pur, et y travaillent avec beaucoup d'ardeur : ce qui ne seroit pas de même pour un quart de ruche, qu'on pourroit placer entre les deux demi-ruches pleines, dont le vide iroit du haut en bas. Pour s'en convaincre, si au lieu de placer ces deux hausses vides à la partie supérieure de la ruche, entre deux pleines,

vous les mettiez par le bas sous la ruche ;
à peine commenceroient-elles à y travailler deux ou trois jours après , et sans
le faire , à beaucoup près , avec autant
d'ardeur: au lieu qu'en plaçant ces hausses
à la partie supérieure, trois quarts d'heure
après , on les y entend travailler avec
beaucoup d'activité.

CHAPITRE XVIII.

Attentions à avoir pour les Essaims dans les premiers jours de leur sortie, et ensuite.

Si le temps étoit assez mauvais pour que votre essaim n'eut pu sortir ; pendant les deux jours qui suivront celui de sa sortie, il faut le soir du second jour, c'est-à-dire après le soleil couché, leur donner un peu de miel, en perçant au haut de la ruche avec une vrille, ou autrement un trou de trois ou quatre lignes de diamètre, au travers duquel vous faites couler environ une cuillerée à soupe de miel un peu tiède. On peut aussi le leur donner froid, lorsqu'on a eu la précaution de le faire fondre auparavant sur le feu, avec environ un cinquième d'eau. Il n'est pas nécessaire que la liqueur bouille, il suffit qu'elle soit prête à bouillir. Alors on la retire, on la laisse refroidir, et on la met dans une bouteille pour le besoin ; mais comme dans cette saison, il est rare qu'on en ait besoin, il ne faut pas en faire beaucoup. Au lieu de verser cette liqueur dans l'ouverture, on peut y passer le bout du manche d'une pipe et en emplir la pipe ; la liqueur coulera doucement dans la ruche , sur le peloton d'abeilles , et elles la prendront, en se léchant l'une et l'autre ; mais il ne faut pas leur en donner plus d'une pipe à la fois , dans la crainte que la liqueur ne descende sur le siège , ce qui pourroit y attirer les abeilles des autres ruches. Un bon quart-d'heure après , on leur en donne encore une pipe , ce qui suffit , à moins que l'essaim ne soit très-fort , auquel cas on leur en donneroit une troisième pipe un quart-d'heure encore après. Dans cette circonstance , on peut leur donner aussi ce miel sur une assiette, en élevant l'assiette de deux ou trois pouces, au moyen d'un morceau de brique mis par-dessous , afin que cette assiette soit plus près du peloton d'abeilles. On recommenceroit le lendemain et les jours suivants , si le temps continuoit à les empêcher de sortir , tout au moins pendant quelques heures du jour.

J'ai coutume pour les premiers forts essaims , qui viennent de bonne heure , d'élever leur ruche de deux ou trois lignes tout autour , sur la planche où elles posent, dans la vue de les empêcher d'essaimer eux - mêmes , cinq ou six semaines après leur sortie : il m'a paru que cela les en empêchoit , sans pouvoir l'assurer.

CHAPITRE XIX.

*Des circonstances où il faut hausser les Ruches,
tant les vieilles que les Essaims.*

ON ne doit pas hausser, ou donner à
une ruche une hausse vide par-dessous
que la ruche ne soit bien remplie de cire,
et qu'elle ne soit d'un assez grand poids.
Car, si la ruche n'étoit pas pleine de
cire, c'est-à-dire jusqu'à huit ou dix
lignes près de la planche, à quoi serviroit
d'agrandir leur maison, lorsqu'elle seroit
déjà trop grande. Il faut de plus qu'elle
soit bien peuplée, en sorte qu'on en voie
un certain nombre former tout au moins
un petit peloton à la porte. Ceci s'entend
principalement des essaims, ainsi que
des mères ruches de l'année précédente
qui ne seroient pas encore composées de
cinq hausses d'environ trois pouces chacune. Comme tout au contraire des essaims, on veut que celles-ci jettent, on
ne leur en donne que cinq ou six, si
c'est vers la fin d'avril, ou tout au moins
huit ou dix jours avant la saison des
essaims. Alors on peut encore leur en

donner une sixième, lorsqu'on voit la récolte abondante.

Quant aux essaims, comme on ne veut point qu'ils jettent, on leur ajoute des hausses à mesure qu'ils remplissent celles qu'on leur a données, et que les essaims sont très-peuplés : on continue ainsi, jusqu'à ce que l'essaim soit composé de six hausses, ce qui suffit en général. Mais il faut avoir toujours grand soin, à mesure qu'on les hausse, de tenir la ruche continuellement élevée, d'abord d'un bon pouce, et ensuite de deux et même de trois pouces, tout autour au-dessus du siège, pour leur donner beaucoup d'air, les rafraîchir dans les chaleurs, et les empêcher d'essaimer. Quand la chaleur est grande, tous mes premiers et forts essaims sont élevés sur des quartiers de brique, jusqu'à la fin de juillet, et quelquefois jusque vers la fin d'août. C'est la même chose pour toutes les mères ruches fortes qui ont donné leurs essaims. On ne sauroit donner trop d'air en été à toutes celles qui ne doivent pas essaimer. On ne leur donne de hausses, que quand on voit qu'elles font le peloton sous la ruche, et qu'elles l'ont remplie de cire exactement.

Enfin un moyen sûr de forcer vos abeilles au travail, et de leur faire rapporter beaucoup de miel , en peu de temps , est celui de leur donner deux hausses vides à la fois, entre deux pleines, c'est-à-dire entre la hausse supérieure et les inférieures ; mais il faut que la ruche soit très-peuplée , et déjà d'un grand poids ; il faut faire attention à ces deux conditions. L'opération réussira beaucoup mieux encore si, pour la faire, on choisit un jour où le miel donne, c'est-à-dire , où elles travaillent fort.

Cette opération convient surtout aux forts essaims très-nombreux , qui ont déjà empli une ruche de cinq ou six hausses : elle les empêche aussi d'essaimer. Si vous avez observé les circonstances que je viens de vous prescrire, trois quarts-d'heure après l'opération, en approchant l'oreille, vous entendrez les abeilles travailler de grand cœur dans ces deux hausses, qu'elles rempliront de miel pur , en quinze jours, si la saison est favorable. Si la saison n'étoit pas trop avancée , peut-être pourroit-on mettre trois hausses.

CHAPITRE XX.

Des circonstances où on doit dégraisser ou tailler les Ruches.

COMME on n'élève des abeilles que pour en retirer des essaims, du miel, et de la cire, après avoir traité suffisamment de ce qui regarde les essaims, et des circonstances où il faut hausser les ruches, il convient de parler du dégraissage ou de la taille des ruches, c'est-à-dire, des circonstances où il faut leur ôter du miel, et de la façon de le faire ; objet important.

Pour les ruches ordinaires, les bonnes gens de la campagne ne connoissent guère d'autre moyen de s'emparer de leurs provisions, que de les étouffer avec un linge ensoufré, ou trempé dans du soufre fondu au feu. Ils font un trou de quelques pouces en terre, ils y placent un morceau de linge ensoufré et allumé, et posent dessus la ruche dont ils veulent faire périr les abeilles : ils entourent, sans perdre de temps, les bords de la ruche de la terre qu'ils ont tirée du trou, pour empêcher la fumée de s'évaporer, et ils y étouffent ainsi les abeilles,

qui ne sont pas un quart-d'heure à périr. Après quoi ils prennent toutes leurs
provisions ; ce qui est à-peu-près la
même chose que couper le poirier par
le pied, pour en avoir les poires, au
lieu de les cueillir.

1°. Pour notre climat, on ne peut
guère tailler ou dégraisser les ruches,
que depuis le milieu du mois de mai
au plutôt, pour les ruches composées de
six à sept hausses, et d'un grand poids,
jusque vers le 8 ou le 10 de juillet, à
moins qu'il n'y ait du blé sarrasin dans
le canton, ou quelqu'autre plante de
cette espèce qui fleurisse tard. En observant qu'on peut le faire plutôt dans les
climats chauds, c'est-à-dire, vers la
saison où elles commencent à donner
leurs essaims ; mais seulement pour les
ruches composées de sept hausses et
plus. Les autres qui n'ont que le nombre
de hausses convenables, ne devant pas
être troublées dans le temps des essaims,
sinon pour les leur prendre, ou les faire
soi-même comme on l'a expliqué.

Quand au 10 juillet les ruches ne
sont pas dégraissées, je ne conseille pas
de le faire, parce que, dans certaines
années, dès le 15 ou le 20 de ce mois, la
saison de la récolte est passée. J'ai vu
une année où, dès le 14 de juillet, la

récolte du miel étoit passée , sans que , jusqu'à la fin de la campagne , les abeilles eussent pu seulement rapporter à la ruche une livre de miel. Ces sortes de campagne ne sont heureusement pas fréquentes ; mais j'en ai vu plusieurs dans lesquelles , dès le 20 août , elles ne trouvent plus de miel dans les campagnes , que pour vivre au jour la journée. On les voit dans ces temps stériles , rester tranquilles dans leurs ruches , sans en sortir qu'un petit nombre , et de loin en loin , quoiqu'il fasse quelquefois un temps beau et chaud , et qu'il y ait encore beaucoup de fleurs à la campagne. Ceci paroîtra extraordinaire sans doute , et n'en est pas moins vrai. Je crois être le seul qui ait fait cette observation jusqu'aujourd'hui. C'est la disposition de l'air , la seule disposition de l'air qui fasse cet effet. On voit quelquefois de ces jours au printemps , mais en petit nombre. C'est aux possesseurs d'abeilles à y faire une attention particulière , et à voir dans quel temps à-peu-près finit chez eux la récolte du miel, pour se régler ensuite en conséquence ; car cette fin de récolte du miel doit avoir lieu plutôt ou plus tard , dans un canton que dans l'autre.

On ne doit donc plus en général ,

pour notre France et pays adjacents, dégraisser les ruches après le 8 ou le 10 de juillet, à moins qu'il ne s'y sème du blé sarrasin, etc. afin d'être assuré que les abeilles pourront dans les douze ou quinze jours suivants remplacer par leur travail la quantité de miel qu'on vient de leur ôter, sans quoi, ne pouvant pas emplir la nouvelle hausse vide qu'on vient de leur donner, elles seroient forcées d'y laisser du vide qui ne convient pas à leur état de santé pendant l'hiver.

2°. On ne doit pas tailler les ruches que la récolte du miel ne soit commencée, sans quoi, voyant leurs provisions enlevées, et la campagne ne leur fournissant pas le moyen de les remplacer de suite, cela les dégoûte et les rebute. On le connoît par le miel donné à l'ardeur de leur travail.

3°. On ne doit les tailler que dans un moment favorable au travail ; c'est-à-dire, dans le plus fort de leur labeur, où on doit présumer que le miel donne, parce que trouvant dans le moment même à la campagne abondamment de quoi réparer leur perte, on les voit alors et ensuite travailler avec une ardeur incroyable. On diroit qu'elles essaiment eu égard à la quantité qu'il en sort à chaque instant, et à leur activité. Dans ces cir-

constances,

constances, elles font plus d'ouvrage en une semaine, qu'en d'eux.

4°. Mais ce travail extraordinaire n'aura lieu qu'autant que la ruche sera très-peuplée, et ce point est essentiel, il ne faut jamais tailler une ruche, que le nombre des abeilles n'y soit très-considérable, et que, supposé que la ruche ne soit pas encore élevée sur le siége pour lui donner de l'air, on ne les voye former le peloton par un temps chaud, à la porte de la ruche, ou sous la ruche, si on l'a levée. S'il ne s'y trouvoit pas de mouches suffisamment, elles se dégoûteroient, et pourroient laisser là l'ouvrage sans le commencer, au lieu que taillée à temps, et dans les circonstances ci-dessus énoncées, elles donneront à leur maître le double de produit.

5°. On ne doit point tailler une ruche qu'elle ne soit composée au moins de cinq hausses ; mais ordinairement de six, à plus forte raison si elle étoit de sept hausses. Plus on approche du mois de juillet, plus la ruche doit avoir de hausses, et être par conséquent d'un plus grand poids, dans la crainte que le défaut de récolte du miel ne les en laisse dépourvues pendant l'hiver, pour lequel elles doivent être pourvues suffisamment. Ainsi, après le 27 ou 28 de

F

juin , on ne doit pas dégraisser une ruche qu'elle ne soit composée au moins de six hausses de trois pouces , et que de plus elle ne soit d'un grand poids et très-peuplée ; avec ces trois conditions , vous les verrez réparer en peu de jours la perte qu'elles auroient faite , et travailler avec une ardeur extraordinaire , jusqu'à ce que le vide soit rempli , en sorte que , loin que ce que vous leur enleviez leur nuise et les appauvrisse , c'est au contraire un moyen propre à les enrichir , par l'ardeur et l'augmentation du travail , qui triple leur récolte , au lieu que si vous les dégraissiez dans un temps où la récolte du miel étant passée , elles ne trouvent plus rien ou peu de chose en campagne , vous vous exposez à les rebuter , en se voyant enlever leurs provisions , sans pouvoir réparer cette perte , dont elles s'aperçoivent d'autant mieux , qu'elles sont beaucoup moins occupées dans leur ruche , où elles n'ont presque plus rien à faire. Au reste , il faut se régler selon le climat dans lequel on se trouve , pour le faire plutôt ou plus tard , et selon la nature des plantes qui fleurissent plutôt ou plus tard. On ne sauroit donner rien de positif à cet égard , même pour des cantons qui ne seroient distants l'un de l'autre que de dix lieues, puisque dans l'endroit où je reste, la récolte du miel finit ordinairement au commencement d'août, époque où commence celle des blés sarrasins, qui ne sont éloignés que de huit ou dix lieues. Mais, dira-t-on, le mois d'août arrivé, ou la saison de la récolte du miel passée, on ne peut donc plus ôter à une ruche, même d'un grand poids, son superflu. Non, ou tout au moins je crois beaucoup plus avantageux de n'y pas toucher, et d'attendre l'année suivante, jusqu'à ce que les circonstances, ci-devant expliquées, vous permettent de le faire avec beaucoup plus d'avantage, sans néanmoins vouloir dire qu'absolument on ne puisse pas leur ôter leur superflu en août et même en septembre, si on avoit des raisons particulières pour le faire, mais avec beaucoup moins d'avantage ; enfin, en attendant le mois de mai de l'année suivante, à les dégraisser, dans les circonstances convenables, vous aurez l'avantage de vous procurer du miel dans le temps où il est le plus rare.

On reconnoît que la taille a été faite à-propos, quand un quart-d'heure tout au plus après la taille faite, on en voit un certain nombre sortir de la ruche et emporter avec elles, l'une un corps mort,

ou estropié et mourant, l'autre une par-
celle de cire, l'autre un membre séparé,
ou quelqu'autre chose. Tout cela est une
bonne marque. Quand on balaie sa maison, c'est qu'on veut y rester. Quand
tout cela sera fait, si la taille a été faite
à-propos, à peine la porte de la ruche
suffira-t-elle pour livrer passage au grand
nombre des travailleuses qui iront aux
champs.

On ne doit jamais leur ôter plus d'une
hausse à-la-fois. Je ne sais si j'ai dit que
la veille ou le matin du jour où on se propose de tailler une ruche, on doit lui
donner une hausse vide par-dessous.
Alors, lorsqu'on a enlevé la hausse supérieure, on remet simplement un couvercle sur la ruche, et on l'y arrange
comme il convient, et ainsi qu'il a été
expliqué; mais au lieu de donner à cette
ruche une hausse par-dessous, je crois
préférable de leur en donner une par-
dessus, c'est-à-dire, de mettre une
hausse vide avec son couvercle, à la
place de la hausse pleine qu'on vient de
leur ôter. Ce qui leur forme une espèce
de grenier où elles m'ont toujours paru
travailler avec encore plus d'ardeur qu'en
leur donnant cette hausse par-dessous.

Ceci peut convenir à toute espèce de
ruche, mais il y a pour les premiers et

les forts essaims une attention particulière à avoir.

Comme étant venus naturellement ,
ou ayant été formés artificiellement de
bonne heure , ils seront probablement
d'un grand poids quelques semaines
après leur sortie ou leur formation , il
faudra aussi les dégraisser ; mais en les
recevant dans leur ruche , qui doit pour
ceux-là être composée de hausses , on
aura eu soin de ne leur mettre par-dessus qu'une hausse de deux pouces , au
lieu de trois pouces ou environ que doivent avoir celles de dessous , parce que
les deux pouces qui avoisinent le couvercle sont toujours remplis de miel pur,
sans mélange de couvain, et outre qu'en
les dégraissant c'est le miel qu'on cher-
che et non le couvain, on affoibliroit la
ruche , si en leur ôtant une hausse de
trois pouces, on leur ôtoit une partie de
leur couvain , auquel elles sont fort attachées , ou bien il faudroit avoir l'embarras de le trier et de le leur rendre.

On peut faire mieux encore, on peut,
après avoir ôté la hausse supérieure, en
mettre une vide à sa place , et remettre
celle qu'on vient d'ôter sur cette hausse
vide, ce qui forme un espace vide entre
la ruche inférieure et la hausse supérieure, qui les engage à remplir ce vide

encore plus vite. Dix à douze jours après, si la récolte a été favorable, on leur ôte les deux hausses supérieures à-la-fois, et on en remet une vide à la place. Si l'essaim est très-fort, au lieu d'une hausse vide, mettez-en deux.

Nota. Il ne faut pas oublier ce que j'ai déjà observé que toutes les fois que vous donnez une ou plusieurs hausses vides, il faut, autant qu'il vous sera possible, y placer toujours quelques petits gâteaux de cire, ou en laisser exprès à ce dessein dans les hausses dont on retire le miel et la cire, pour servir ensuite au besoin. Alors, il faut couvrir ces hausses d'un linge, et les tenir dans un endroit sec. On ne sauroit croire combien cette attention est avantageuse.

Dans le cas où on auroit oublié ou négligé de ne mettre qu'une hausse d'environ deux pouces pour la hausse supérieure d'une ruche d'un premier essaim, et pour prévenir l'inconvénient d'enlever du couvain, au lieu de séparer cette hausse supérieure de la suivante, en coupant entre deux avec le fil de fer, il vaut mieux l'arracher avec force de dessus la hausse inférieure, ce qui surprend sans doute ; mais en voici la raison : en arrachant ce couvercle, au lieu de le séparer par le moyen du fil de fer, vous emportez avec le couvercle tous les rayons du miel qui y sont attachés, ce qui vous fait d'abord une petite récolte. En second lieu, c'est que les seuls rayons de miel resteront attachés au couvercle, parce qu'étant très-fragiles partout ailleurs, ils sont cependant d'une assez grande résistance à leur jonction au couvercle. Ce n'est pas la même chose pour les couteaux où il y a du couvain, qui se briseront toujours aux endroits où ils se joignent à ceux où se trouve le Midi, en sorte que ceux où se trouve le miel, seront emportés par le couvercle où ils resteront attachés, et que ceux où il y aura du couvain, resteront collés aux petites planches servant de faux fond, que j'ai recommandé de mettre toujours à chaque hausse. Au moyen de quoi, en plaçant une hausse vide sur ces morceaux de couvain, les abeilles en auront soin, comme si on n'y eût pas touché. Le couvain y viendra à bien : ensuite les abeilles rempliront de miel les cellules où étoit ce couvain. Je reviens à la taille ordinaire. La petite hausse de deux pouces étant ôtée, vous mettez à sa place, ou une hausse vide de trois pouces, garnie de son couvercle, si la saison n'est pas trop avancée, ou seulement une de deux pouces, si elle l'est beaucoup, parce que plus la saison est avancée , moins il faut leur donner d'ouvrage.

Outre que ce moyen est excellent pour forcer les abeilles au travail , il m'a souvent réussi pour empêcher mes premiers essaims d'essaimer eux-mêmes.

La façon de leur donner une hausse vide avec un ou deux morceaux de couteaux par-dessus la ruche, ou entre deux hausses pleines, seroit préférable à celle de leur mettre la veille ou le matin, cette hausse par dessous , si par cette dernière méthode on n'avoit pas l'avantage de renouveller les ruches insensiblement et en peu d'années ; mais comme on connoît aujourd'hui des moyens propres à faire des essaims artificiels, je crois qu'il vaut mieux mettre cette hausse par-dessus. Quand on ôte ensuite cette hausse , on est sûr de la trouver remplie de cire et de miel purs, sans mélange de couvain ni d'autre chose.

CHAPITRE XXII.

De la récolte du Miel et de la Miellée.

J'ai dit ci – devant que quand *le miel donnoit*, il falloit faire telle ou telle chose ; par cette expression , j'entends un temps propre à la récolte du miel, ce qui se connoît par l'ardeur avec laquelle on voit travailler les abeilles. On sent même alors le goût du miel près du rucher. Mais il y a une autre circonstance toute particulière et beaucoup plus rare, où le miel donne avec bien plus d'abondance , puisqu'on le voit tomber quelquefois en abondance , en forme de pluie très-fine , qu'on n'aperçoit qu'en y faisant une attention particulière.

Cette espèce de miel se nomme assez communément dans les campagnes , *miellée*, ou miellat ; c'est un écoulement de l'air, ou une espèce de rosée gluante, qui tombe plutôt ou plus tard , mais ordinairement un peu avant et pendant la canicule. Cette rosée s'arrête sur les fleurs et sur les feuilles des plantes et des arbres. Celles qui sont dentelées, carrelées et raboteuses , comme les feuilles

F 5

de prunier et de chêne, les feuilles de
ronces, d'orme et de tilleul en retiennent beaucoup plus, mais le soleil la
coagule et l'épaissit. Cette liqueur tombe
quelquefois en telle abondance, que les
enfants vont la recueillir dans les bois, en
suçant les feuilles, principalement sur
les feuilles de chêne, des ronces et d'é-
rable qui en sont quelquefois toutes luisantes, et je l'ai vu tomber moi-même
une infinité de fois, en forme de pluie
très-fine, même dès la fin du mois de
mai.

Quant à la façon dont les abeilles
recueillent le miel, elles n'en ont point
d'autre que de le laper, comme le chien
le fait en buvant, et de le faire passer
dans leur estomac, d'où elles vont le
dégorger dans leurs petites cellules, ou
bien elles en font part à celles de leurs
compagnes qui peuvent en avoir besoin.

Parmi les cellules qui renferment le
miel, les unes sont destinées à fournir
celui qui est nécessaire à la consommation journalière des abeilles, et les autres
doivent conserver celui qui servira à les
nourrir pendant la mauvaise saison. Les
premières sont ouvertes, et les dernières
fermées. Les abeilles les condamnent
avec de petites plaques de cire qui em-

pêchent que le miel ne s'évapore, et ne devienne dur et grainé.

Au reste, les abeilles se familiarisent avec nous, pour peu qu'on s'attache à les apprivoiser par de fréquentes visites. C'est pourquoi, quand on en approche et qu'on est obligé de les remuer, il faut le faire avec douceur et avec tranquillité : c'est le vrai moyen de ne pas les irriter, et de n'en être point piqué.

Lorsqu'il se trouve à quelques lieues de chez soi des plantes odoriférantes et abondantes en miel, qui fleurissent dans l'arrière saison, comme en août et septembre, on peut transvaser ses ruches fortes et les y faire conduire ou sur un chariot, ou sur des chevaux; mais le voyage, pour peu qu'il soit long, est sujet à bien des inconvénients. Le cahos et la trop grande chaleur surtout en fait périr un grand nombre. Sans compter qu'on est dans l'habitude de les exposer en plein champ dans les endroits où on les conduit, et qu'elles sont sujettes à y être volées.

J'ai vu périr une voiture toute entière de ces voyageuses, par la chaleur, quoiqu'on soit dans l'habitude de ne les faire voyager que la nuit. Nous avons huit et dix lieues de l'endroit où je reste, jus—

qu'aux blés sarrasins qui fleurissent dans ces cantons depuis le 10 août jusque vers le 15 de septembre. J'en ai vu réussir ; mais beaucoup aussi étouffer dans le voyage, ou n'y rien faire, si la saison n'a pas été favorable. Cependant, on me dit que depuis quelques années qu'on a pris l'habitude de jeter souvent de l'eau fraîche pendant les chaleurs, dans les ruches où sont les mouches transvasées, il en périssoit beaucoup moins. Si la distance n'étoit que de quatre et même de six lieues, peut-être n'en périroit-il pas. Au reste, on les arrange sur le chariot, serrées l'une contre l'autre avec de la paille entre deux, la baie ou la gueule en haut, bouchée avec une claie d'osier, qui ne permette pas aux abeilles de sortir. On y conduit tout ce qui n'a pas de provisions suffisantes pour passer l'hiver. La meilleure façon de les faire voyager, quand on n'a pas l'avantage d'une rivière, qui seroit excellente, est celle des chevaux, et encore mieux des ânes, sur chacun desquels on peut en mettre six ou huit suspendues à des espèces d'échelles placées à droite et à gauche de l'animal. Les échelons débordent les deux montants de quelques pouces d'un côté, pour y attacher le cordeau qui tient à la ruche. Il faut toujours les mettre la baie ou grande ouverture en haut , et ne voyager que la nuit , jusqu'au soleil levant ; dans le jour , on les met à l'ombre , dans leur situation naturelle , posées chacune sur deux bâtons , pour leur donner de l'air. Le soir venu , on les arrange de nouveau sur la voiture ou sur les chevaux.

CHAPITRE XXII.

Du Pillage.

LE pillage, quand on n'y fait pas une attention sérieuse, et qu'on ne le prévient pas à temps, fait périr plus de mouches et plus de ruches que tous les autres ennemis des abeilles ensemble. Il n'y a guère que les ruches foibles qui y soient sujettes les premières ; mais les mouches y ayant une fois pris goût, il détruiroit l'une après l'autre le rucher le mieux fourni, si on n'y apportoit pas le remède convenable, en le prévenant : car quand une fois il est commencé sérieusement sur une ruche , je n'y connois guère de remède.

Lorsqu'une ruche est au pillage, on entend devant elle , et même dans presque toute l'étendue du jardin , un bruit plus grand qu'à l'ordinaire , et si on approche l'oreille de la ruche qui est attaquée , le bruit devient plus considérable , par la défense des abeilles domiciliées et les combats à mort qui s'y livrent à chaque instant.

On voit ensuite des combats et des duels, à la porte de cette ruche, qui est assiégée de toute part; les unes entrent, les autres sortent avec précipitation , et presque toutes se battent , les unes pour entrer de force , et les autres pour les en empêcher, et faire sortir celles qui sont déjà entrées. On en voit qui en poursuivent d'autres , qu'elles tiennent avec leur petit bec , par les pates de derrière ou par les ailes , fuyant à toutes jambes; d'autres se jettent sur la première venue , et souvent sur une de leurs sœurs, que la fureur où elles sont les empêche de reconnoître; enfin c'est un désordre, une confusion , un carnage affreux devant la porte, ainsi que dans l'intérieur de cette pauvre ruche , qui ne sait plus où elle en est, et qui dans sa fureur se jette sur tout venant.

Ce tableau est le pillage dans toute sa force ; mais la différence de ce qui se passe alors avec le pillage, qui ne fait que commencer, est celle du petit au grand. Quand vous verrez donc quelques abeilles voltiger avec rapidité , devant l'entrée d'une ruche , et même se poser de temps à autre , à côté de celles qui en gardent la porte , comme pour les narguer , et s'envoler avec promptitude ; lorsqu'une abeille domiciliée viendra pour la tâter, craignez le pillage pour cette ruche. Ce sont des avanturières qui viennent pour la reconnoître, et voir si on peut l'entamer. On voit ces pillardes effrontées, passer et repasser avec une rapidité étonnante devant l'entrée des ruches, où les domiciliaires sont en garde contre leurs attaques. Jusque-là il n'y a pas encore de mal : le pillage n'est pas encore commencé ; mais lorsque le nombre de ces assaillantes devient considérable, qu'on en voit même quelques-unes entrer dans la ruche et en ressortir au plus vite, le pillage commence à être plus à craindre, principalement si cette ruche est une ruche foible et peu peuplée. Il est donc de votre attention de rendre de fréquentes visites à vos ruches, dans les saisons où le pillage est le plus à craindre, c'est-à-dire, lorsque les campagnes n'offrent pas aux abeilles de quoi s'occuper, selon ce proverbe, que l'oisiveté est la mère de tous les vices.

Lorsque le pillage n'est pas encore commencé, il suffit de boucher exactement toutes les issues, qui pourroient se trouver autour de la ruche, et ne laisser que la porte qu'on retrécit avec un peu de terre humectée d'eau, de façon à n'y laisser passer qu'une ou deux abeilles à la fois. On sait qu'il est plus facile de garder une petite porte qu'une grande.

Mais quand une fois le pillage est commencé sérieusement, je n'y connois d'autre remède que d'ôter la ruche de sa place, de la poser sur une claie d'osier, ou sur une serviette claire, de l'enve-lopper bien avec une ficelle, afin que les abeilles ne puissent pas y entrer, ni en sortir, et de l'emporter chez soi pour la placer dans une chambre, dont la fe-nêtre soit fermée, en sorte qu'aucune abeille du dehors ne puisse y entrer, et de l'y laisser jusqu'au soir toujours en-veloppée, au risque d'y trouver le soir, en la développant un assez grand nombre d'étrangères égorgées ; car les domici-liaires, qui se seront trouvées alors les plus fortes, ne leur auront point fait de quartier.

Mais une attention à avoir, et qu'il ne faut pas oublier, est celle de poser à la place de cette ruche, que vous venez d'enlever, une autre ruche vide, faite à-peu-près comme celle que vous venez d'ôter, et sous laquelle vous aurez soin de placer quelques morceaux de cire, telle qu'elle soit, il convient même de jeter quelques gouttes de miel sur ces morceaux de cire, afin que les pillardes s'y amusent, et se retirent peu-à-peu, à mesure qu'elles n'y trouveront plus rien à ramasser ; car il seroit à craindre qu'animées , comme elles le sont dans cette circonstance, si on ne les trompoit pas pour les amuser pendant quelque temps , elles ne se jetassent sur quelqu'autre ruche , et n'y missent aussi le désordre. On y laisse toujours cette ruche vide pour les tromper mieux ; car elles iront le lendemain la visiter encore de temps en temps.

Il ne faut pas confondre avec le pillage , les ébats et les divertissements que de jeunes abeilles et peut-être aussi les vieilles, prennent ordinairement aux environs du rucher , et surtout devant l'entrée des ruches, depuis midi, jusque vers les quatre heures.

Quant à votre ruche , il faut d'abord lui donner un peu de miel, si son poids vous fait craindre qu'elle n'en manque : on le lui fait couler avec le manche d'une pipe, en petite quantité à la fois , comme il a été déjà expliqué ; ensuite vous porterez cette ruche à trois quarts de lieues de votre rucher , dans un coin de jardin , où elle ne soit pas trop exposée aux regards des abeilles étrangères qui pourroient passer par-là , et venir la reconnoître : ou vous la porterez dans votre grenier , où vous la poserez vis-à-vis d'une fenêtre, et de celle qui sera placée le plus du côté du midi, où vous ne lui laisserez que sa petite porte ouverte, et où vous la laisserez jusqu'à ce que vous la voyez assez fortifiée et assez forte, pour résister aux attaques de ses ennemis. Elle sortira et rentrera par cette fenêtre, et travaillera à l'ordinaire; mais il ne faut pas la mettre trop près de cette fenêtre, dans la crainte que les pillardes n'aperçoivent la ruche, et ne viennent la piller de nouveau. Quand vous croyez n'avoir plus rien à craindre, vous la reportez à son ancienne place dans le jardin; mais malgré toutes ces précautions, je ne vous réponds pas que vous la conserverez. Le grand point pour le pillage, est de le prévenir.

Quant aux saisons où le pillage est surtout à craindre, c'est, comme nous l'avons dit, lorsque la récolte du miel est passée, comme au mois d'août jusqu'à l'hiver; mais surtout au commencement du printemps jusqu'au mois de mai, saison où il se trouve ordinairement des ruches foibles de peuple, manquant de nourriture et à qui il en faut donner; ce qui occasionne souvent le pillage, quand on ne sait pas la vraie façon de leur donner cette nouriture, et un grand nombre l'ignorent. Ils suivent leur vieille

méthode, qui est très-mauvaise, et qui
m'a fait perdre beaucoup de ruches avant
que l'expérience m'eût appris la vraie
façon de le faire.

Au reste, une ruche forte et bien peuplée ne craint pas le pillage. Elle est en
état de se défendre, si elle a de quoi
vivre.

CHAPITRE XXIII.

Des ennemis des Abeilles.

LES souris, les rats, les mulots font aussi la guerre aux abeilles, principalement en hiver, où elles sont moins éveillées et moins en état de se défendre. J'ai trouvé jusqu'à sept jeunes souris sous une ruche. Elles sont friandes de miel. Les araignées, en tendant leurs toiles autour des ruchers et des ruches, en attrapent aussi quelques-unes. J'ai vu de gros crapauds qui se postoient le soir à l'entrée des ruches, et qui les avaloient par douzaine. Le remède est de les détruire, autant qu'on le peut. Les renards mangent aussi le miel des ruches, en les renversant pendant l'hiver. Les moineaux, les hirondelles, le pic-vert ou martin-pêcheur, et les poules les avalent comme des grains de blé. Le lézard est accusé d'en manger aussi. Les guêpes et les frelons viennent les visiter en détail, principalement dans l'arrière saison, où les fleurs manquent pour les occuper. Il faut avoir soin de détruire autant de leurs nids qu'on peut en trouver. C'est le moyen le plus court et le plus sûr. On peut cependant mettre un peu de miel et d'eau dans une bouteille de verre, et la poser un peu avant le soleil couchant dans quelqu'endroit sous le rucher. Ces insectes y entreront et s'y noyeront. Cet expédient en détruit beaucoup ; vous ôterez les bouteilles pendant le jour de crainte que les abeilles n'y aillent aussi. Pour les tenter moins de le faire, on y met beaucoup d'eau et peu de miel. Les guêpes ne sont pas si friandes ou si difficiles : on vide ces bouteilles, quand il y en a beaucoup, et on les écrase ; on en ôte les abeilles s'il s'y en trouvoit quelques-unes, on les met au soleil, et elles reviennent à la vie.

Les fourmis sont encore contraires aux abeilles : elles aiment passionnément leurs provisions ; elles s'accommodent même très-bien du couvain. Quand j'ai quelque couteau, où il s'en trouve, et que je ne veux point le placer sous une ruche, je le pose dans le jardin, et je n'y trouve plus rien le lendemain.

Mais un ennemi plus à craindre que tout cela pour nos abeilles, c'est la fausse teigne, qui est une espèce de petite chenille, provenant d'œufs de papillons de nuit, de ceux qu'on voit souvent venir se brûler à la chandelle. Ils ne craignent point d'aller au travers de mille dangers, déposer leurs œufs, au fond de la ruche la mieux peuplée. Ces œufs se changent bientôt en chenille : alors elles se pratiquent une demeure et une galerie dans les gâteaux, et elles vivent aux dépens des abeilles dont elles percent les cellules en tout sens, pour se nourrir. Ces chenilles se changent ensuite en chrysalides, et elles s'enveloppent d'une coque qui leur sert de défense : et enfin la chrysalide se métamorphose en un papillon, qui laisse de nouveaux œufs dans la ruche. Cette vermine se multiplie tellement, au bout d'une année, que les abeilles n'y peuvent plus tenir, et sont forcées d'abandonner la ruche pour toujours. Les abeilles vigilantes, vindicatives, bien armées souffrent que de si méprisables ennemis se multiplient, et se cantonnent impunément sous leurs yeux, dans l'intérieur de leur ruche. A quoi leur servent donc cette sagacité et cet amour pour la patrie, qu'on admire chez elles ? Qu'est devenu leur aiguillon ? Toute leur prétendue prudence échoue ici d'une manière sensible.

Comme ces fausses teignes se logent souvent au haut des ruches, si la ruche est composée de hausses, en en ôtant la hausse supérieure, on est presque sûr de les y trouver, et de les détruire, en cou-

pant l'endroit des couteaux, où elles sont.
On remet ensuite la hausse où elle étoit,
avant que de l'ôter.

Au reste les vieilles ruches sont beaucoup plus exposées à ce malheur que les
nouvelles ; c'est l'une des raisons qui
m'a engagé ci-devant, à vous conseiller
de renouveller vos ruches ordinaires, par
la transvasion, quand elles ont quatre ou
cinq ans, si les circonstances ne vous les
ont pas déjà fait renouveller plutôt.

L'une des meilleures précautions contre
ce dangereux ennemi seroit, pour les
ruches qui ne sont pas fort peuplées,
d'en retrécir la porte ; mais les chaleurs
ne le permettent quelquefois pas ; si on
ne craint pas le feu, on peut, lorsqu'il
ne fait pas de vent, placer une ou deux
chandelles allumées le soir, dans le jardin : il en viendra un certain nombre s'y
brûler. On met encore au nombre des
ennemis des abeilles, une espèce de poux
rougeâtre, à-peu-près de la grosseur de
la tête d'une épingle : il se tient presque
toujours sur le corcelet de l'abeille ; mais
je ne me suis pas encore aperçu qu'il
les gêne beaucoup, ni que ce soit un
ennemi dangereux : d'ailleurs on n'en
voit guère que dans de vieilles ruches,
et il est prudent de n'en avoir point ou
peu de cette espèce.

CHAPITRE

CHAPITRE XXIV.

Maladies des Abeilles.

HEUREUSEMENT les maladies des abeilles ne sont pas en grand nombre. L'une des plus certaines et des plus réelles, est la dyssenterie ou le dévoiement. Elles ne contractent guère cette maladie, trop souvent mortelle, que vers la fin de l'hiver, et probablement pour avoir été trop long-temps renfermées. Au reste, lorsqu'une ruche est attaquée sérieusement de cette maladie, je n'y connois guère de remède. Les marques où vous la reconnoîtrez, sont qu'au lieu d'une couleur rouge jaunâtre, qui est leur état naturel, les matières qui ont séjourné dans leur corps pendant l'hiver, et qu'elles rendent partout les premiers jours de leur sortie, sont noires et ont une odeur insupportable. L'intérieur de la ruche, les couteaux, la planche sur laquelle elle est, tout est rempli de taches de ces matières. Le remède, dit-on, est de leur donner du miel, du vin et du sucre bouillis ensemble ; mais j'avoue, qu'à moins qu'il n'y ait que le bas des

G

couteaux, où on voit de ces taches noirâtres et de mauvaise odeur, qu'on doit
couper avec soin, je n'y connois point
de remède : et je crois qu'une ruche
attaquée sérieusement de cette maladie,
peut être regardée comme une ruche
perdue. Si les abeilles y étoient encore en
grand nombre, on pourroit les faire sortir de la ruche, au moyen de la fumée,
et leur donner de la liqueur ci-dessus ;
mais il est rare qu'une ruche de cette espèce soit encore bien peuplée après
l'hiver, et enfin après avoir pris beaucoup de peine, on les voit trop souvent
périr. Heureusement cette maladie n'est
pas commune : à peine peut-il y avoir
la quinzième partie des ruches qui en
soient attaquées, et dans certaines
années seulement.

Elles sont sujettes à une autre maladie
aussi réelle, et plus meurtrière ; mais
qui n'est, je crois, propre qu'à certains
cantons. Je suis peut-êttre le premier qui
s'en soit aperçu, et ne sais quel autre
nom lui donner que celui de *Vertige* : en
effet on voit les abeilles qui en sont
attaquées, courir continuellement dans
toute l'etendue du jardin, et surtout près
du rucher : on les voit tourner, aller,
venir et courir sans cesse, jusqu'à ce
qu'ayant trouvé, dans quelqu'endroit

enfoncé du jardin, quelques-unes de leurs compagnes, elles s'y fixent et y périssent avec elles. On en voit des milliers attaquées à la fois de cette maladie, à laquelle on n'a pas encore trouvé de remède, ce qui vient probablement de quelque plante vénéneuse, dont la fleur leur est mortelle. On en voit plusieurs dont les petites pates sont encore chargées de petites pelotes ; cette dangereuse maladie commence ordinairement vers le vingt-cinq mai, jusque vers le vingt de juin.

Toutes celles qui en sont attaquées ont le train de derrière si foible, qu'à peine elles peuvent le soutenir ; elles le traînent sur terre comme elles peuvent, et font souvent des efforts inutiles pour s'envoler. Je n'ai vu nulle part ailleurs qu'il soit parlé de cette maladie.

On met encore la rougeole au nombre de leurs maladies. On dit qu'on voit dans les ruches qui en sont attaquées, une espèce de miel sauvage, une matière rouge, épaisse, plus amère que douce, qui n'emplit que la moitié des rayons. Cette matière devient ensuite, dit-on encore, jaunâtre, et engendre des vers qui font périr les mouches. Mais quoique j'aie eu des abeilles pendant un grand nombre d'années, je ne sais ce que c'est que cette maladie, et ne m'en suis jamais aperçu. Cette matière rouge et ensuite jaunâtre, est sans doute un mauvais signe pour une ruche, mais non une maladie des abeilles. Au reste, je ne sais ce qu'il en est.

On prétend encore que les fleurs de tilleuls donnent le dévoiement aux abeilles, et en font périr beaucoup ; mais c'est une erreur, on l'a vu ci-devant.

Les abeilles de l'île de Syra en Grèce ont été attaquées, il y a quelques années, d'une espèce de peste qui a duré quatre ou cinq ans. On n'y sait point de remède, sinon d'en faire sortir les abeilles et de brûler les ruches.

CHAPITRE XXV.

Façon de mettre les Ruches en hiver.

L'UN des plus grands ennemis des abeilles, c'est l'hiver, pour nos climats où ils sont quelquefois rudes. Il y a tel hiver qui pouvoit vous emporter plus des trois quarts de vos abeilles ; mais j'ai heureusement trouvé la cause de cette destruction, et le remède ; sans quoi c'eût été une assez mauvaise spéculation de commerce que d'avoir une grande quantité de ruches pour en tirer du bénéfice, puisqu'un seul hiver pouvoit, de cent ruches, vous en faire périr quatre-vingts. Ces hivers, il est vrai, n'étoient pas communs ; mais ils arrivoient quelquefois tous les huit ou dix ans, plus ou moins, et suffisoient pour détruire presque totalement le ru-cher le mieux fourni.

L'hiver qui m'a donné occasion de chercher un remède à un si grand mal, m'a fait périr quarante ou cinquante ruches de quatre-vingts que j'avois, et beaucoup de mes voisins ont tout perdu. Un particulier cirier, qui, de père en fils, en avoit depuis plus de cent ans, vingt-neuf, il ne lui en est resté que deux.

Sans l'hiver, disent les bonnes gens de la campagne, il y auroit des ruches autant que de poils d'herbes; ce qui signifie que l'hiver est, pour notre climat, le principal auteur de la destruction des abeilles.

Mais une chose bien singulière, c'est que le remède à ce mal, ou plutôt, c'est que, pour les garantir des mauvaises suites d'un froid trop rude et trop long-temps prolongé, il faut les y exposer, c'est-à-dire, procurer beaucoup d'air libre dans l'intérieur des ruches. Un grand nombre d'expériences m'ont confirmé la réalité de cette découverte singulière. Ce n'est point le froid comme froid qui fait périr les abeilles des ruches bien peuplées, mais probablement les vapeurs que les hivers longs et rudes retiennent dans la ruche, et qu'ils empêchent d'en sortir en resserrant, par le grand froid, les pores de la ruche où elles sont renfermées.

Quoi qu'il en soit de cette raison, que je ne donne que comme une conjecture, il est toujours certain que ce sont les vapeurs concentrées dans la ruche, de quelque façon qu'elles le soient, qui y font périr les abeilles , puisque l'hiver où moi et mes voisins en ont tant perdu, les ruches mortes étoient remplies de gouttes d'eau occasionnées par ces vapeurs qui n'avoient pu s'en échapper.

On a cru devoir s'étendre sur cet objet parce qu'il est essentiel.

La vraie façon de mettre les ruches en hiver est donc de les y exposer, en leur procurant beaucoup d'air par dessous ; ce qui se fait en les soulevant d'environ trois lignes tout autour, au moyen de petites cales de trois lignes ; et l'air a la facilité de circuler librement sous la ruche dans toute son étendue. Depuis que j'ai eu cette attention, je n'ai perdu de ruches, pendant l'hiver, que ce qu'on ne peut guère se dispenser d'en perdre, c'est-à-dire, environ la septième partie ; car on ne peut pas empêcher qu'il n'en périsse quelques-unes. Il y a des hivers où il en périt plus et d'autres moins. Mais en général on ne doit pas se plaindre lorsqu'on n'en perd que la septième partie.

Si ce sont des ruches d'osier replaquées de pourjet ou de paille, et qu'on craigne les souris, il faut coller contre le bord des ruches du pourjet, dans lequel on ait mis beaucoup de verre pilé, ou prendre contre ces animaux d'autres mesures convenables.

Au reste, l'attention d'élever les ruches de trois lignes, n'est surtout nécessaire que pour les ruches fortes et bien peuplées, qui produisent beaucoup de vapeurs occasionnées par la chaleur. On pourroit absolument se dispenser de cette attention pour les ruches moins peuplées, en observant de leur laisser une porte de quinze à seize lignes de diamètre, selon qu'elles sont plus ou moins peuplées. On grille cette porte avec du fil d'archal, de crainte des souris, etc.

Si vous ne voulez point élever même les ruches fortes de trois ou quatre lignes tout autour, vous pouvez mettre sous la ruche une hausse (une hausse de bois vaudroit mieux que toute autre), aux quatre côtés de laquelle il y auroit une porte ou ouverture de quinze à dix-huit lignes de diamètre chacune, et grillée de fil d'archal, pour empêcher d'y entrer les souris, mulots, mésanges, etc.

Comme on ne sauroit les tenir trop chaudement par-dessus, on peut, si on veut, les couvrir de foin, de regain ou de paille, sans que cette attention soit nécessaire.

Une fois mises en hiver, on n'y touche plus jusqu'au retour du printemps, c'est-à-dire, jusqu'au premier jour de doux temps qui surviendra vers le commencement de février pour Paris et les environs, et plutôt ou plus tard selon que le canton où l'on est sera plus ou moins chaud, sans qu'on puisse donner rien de fixe à cet égard. En Provence, par exemple, elles doivent sans doute commencer à sortir dès le 20 de janvier, et plutôt encore en Italie, mais plus tard en Dannemarck, en Suède, etc.

Les approches de l'hiver venus, il faut les visiter toutes, nettoyer avec les barbes d'une plume le bas des couteaux où on apercevroit quelqu'ordure, quelque toile d'araignée, etc. et balayer exactement la planche sur laquelle elles sont posées.

On les arrange ensuite, pour passer l'hiver, comme il vient d'être dit, sans y toucher jusqu'au retour du printemps. Il n'y a qu'une circonstance où il faut y toucher encore ; c'est celle d'un dégel doux, lorsque la terre est encore couverte de neige. Dans cette circonstance, qui en détruit un grand nombre, le doux temps les engage à sortir en grand nombre, et en d'autant plus grand nombre, que le temps est plus doux ; la neige, dont la terre est couverte, les engage à s'y poser ; elles s'y enfoncent,

G 5

le froid les saisit, et elles y restent. J'en ai vu périr des milliers de cette façon. Le remède est de les empêcher de sortir dans cette circonstance. On condamne l'entrée des ruches, et on baisse celles qui sont élevées de quelques lignes, et surtout on empêche, avec des paillas-sons, de vieilles planches, des draps, des couvertes tendues devant les ruches, le soleil de leur donner dessus, dont la chaleur les mettroit en mouvement. Dès que la plus grande partie de la neige est fondue, on ôte tout cela, et on re-met les choses comme elles étoient. Il est vrai que le doux temps les mettant en mouvement dans les ruches, il y en périra aussi quelques-unes, mais beau-coup moins que si on les laissoit sortir dans cette circonstance, dont la durée n'est quelquefois que de quatre ou cinq heures, mais qui suffisent pour en faire périr par milliers. J'en ai vu quelque-fois la neige couverte.

Cette saison, c'est-à-dire le commen-cement de l'hiver, est encore le temps de donner du miel à des ruches, et sur-tout à des essaims, à qui on craindroit qu'il n'en manquât pendant l'hiver. Mais outre qu'on verra la façon de le faire dans l'article suivant, je ne conseillerois guère de leur en donner avant l'hiver, à moins qu'il ne leur en fallût que peu ; sans quoi on risqueroit de perdre le miel et la ruche aussi. Le vrai temps de donner du miel aux ruches qu'on craint de voir en manquer pendant l'hiver, est depuis le 15 ou 20 d'août jusqu'au 15 de septembre, à moins qu'il n'y ait dans le canton des herbes succulentes dans cette saison, telles que du sarrasin, etc. parce qu'elles ont encore alors le temps de couvrir les cellules où elles vont le déposer, et de l'arranger comme il convient pour l'hiver.

CHAPITRE XXVI.

Différents Moyens pour donner de la nourriture aux Ruches foibles et dépourvues de provisions suffisantes , et des différentes saisons où on doit le faire.

Si on a quelque ruche à laquelle on soit obligé de fournir une quantité de nourriture assez considérable , telle qu'un essaim qu'on voudra conserver , etc. on lui donnera , dans l'un ou l'autre des jours qui s'écouleront depuis le 15 ou le 20 d'août , jusqu'au 15 de septembre , et même jusqu'au 5 ou 6 d'octobre, la quantité de nourriture dont on prévoira qu'elle pourra avoir besoin jusqu'à la bonne saison , c'est-à-dire , jusqu'au mois de mai , ou tout au moins jusqu'au 15 d'avril, plutôt ou plus tard, selon le climat. On se réglera pour la quantité de cette nourriture , à raison de deux livres par mois pour les ruches fortes, pendant l'hiver , où elles ne sortent plus ; et moins pour la saison où elles vont encore aux champs , quoique dans cette saison elles n'y trouvent plus grand chose. Je dis deux livres par mois, en y comprenant le miel qu'elles ont déjà en réserve, sans quoi le suif ne vaudroit pas la chandelle; et dans le cas seulement où il ne faudroit pas leur en donner plus de cinq à six livres, à moins qu'on n'eût des raisons particulières pour n'avoir pas d'égard à la dépense. On observe qu'en leur donnant cette nourriture de cette façon, il faut toujours compter sur un septième ou environ de perte, en sorte que si vous leur en donnez sept livres, elles n'en mettront réellement que six livres ou environ en réserve. Le reste se dissipe en vapeurs ou autrement. Quant à la liqueur même pour cette saison, on leur donne du miel dans lequel on ajoute environ un septième de vin vieux, pour la tenir toujours liquide, afin qu'elles puissent la lever froide comme tiède. On fait chauffer le tout, jusqu'à ce que la liqueur soit presque bouillante, et on la leur donne toute-à-la-fois, dans un grand plat, en observant qu'elle ne soit plus qu'un peu tiède, et de mettre dessus des brins de paille, dans la crainte que les abeilles, ne trouvant rien pour s'y poser, ne s'y enfoncent.

On ne leur donne cette nourriture que le soir, une demi-heure après le soleil couché, ou plus tard; le lendemain, avant le soleil levé , si elles n'ont pas tout pris , on bouche toutes les ouvertures de cette ruche , afin qu'aucune abeille étrangère ne puisse y entrer , sans quoi le pillage seroit immanquable. Le plus sûr même alors, est de retirer le plat et de le porter chez soi , pour le leur rendre au soir ; car il faut que le tout soit levé en une ou deux fois , sans quoi le pillage seroit trop à craindre. Mais heureusement , en suivant ce qui se trouve prescrit dans cet ouvrage , on sera rarement dans le cas de donner une grande quantité de miel à aucune ruche dans cette saison.

Mais la saison où les ruches ont ordinairement le plus de besoin de nourriture , est depuis le commencement du printemps , jusque vers le 20 d'avril , et quelquefois jusques en mai , selon le temps plus ou moins beau , plus ou moins doux, et plus ou moins favorable à la récolte du miel.

Au reste, lorsque le jour de leur première sortie après l'hiver, on s'aperçoit en nettoyant leurs ruches, à leur peu de poids , qu'elles pourroient manquer de nourriture , on leur en donne , mais d'une façon différente de celle avec laquelle nous venons de voir qu'on la leur donne en été ou en automne.

D'abord j'ai dit, en parlant de la construction des ruches, de pratiquer toujours au haut de chaque ruche, de quelque forme qu'elle soit, une ouverture d'environ deux pouces de diamètre, c'est-à-dire, assez grande pour y faire passer le goulot d'une bouteille de pinte. On fait la même chose aux couvercles destinés à couvrir les ruches composées de hausses, soit qu'ils soient de bois, de paille ou de tout autre chose.

Lorsqu'on veut donner de la nourriture à une ruche qui en manque, ou qui est sur le point d'en manquer, et qu'on n'est encore que vers la sortie de l'hiver, d'où il y a encore loin jusqu'au mois de mai, on fait chauffer, jusqu'au point d'être prêt à bouillir, du miel dans lequel on peut mettre environ un cinquième d'eau, ou de vieille bière, peut-être du vieux cidre conviendroit-il aussi, quoique je n'en aye pas fait l'épreuve. On n'écume pas la liqueur ; on la laisse refroidir jusqu'à ce qu'elle ne soit plus que tiède ; car il ne faut pas brûler les abeilles qui iroient pour la prendre ; et on en emplit une bouteille de pinte, s'il y a encore loin jusqu'à la bonne saison, ou une demi bouteille, si on en approche ; on lie sur le goulot une toile forte bien tendue, et assez serrée, pour que la liqueur ne passe pas au travers , et on introduit le goulot de cette bouteille dans la ruche par l'ouverture dont il est parlé ci-devant , en l'y enfonçant d'environ un pouce.

Les abeilles passeront leur petite trompe au travers de la toile , et se nourriront de cette liqueur. L'avantage qu'on trouve ici , c'est que le pillage n'a point lieu comme en leur donnant cette nourriture sous la ruche, en petite quantité , dans une assiette , à moins qu'on ne l'y mette qu'au soir , et qu'on n'oublie pas de l'ôter tous les jours avant le lever du soleil , et qu'en outre on voie au travers de la bouteille qui diminue tous les jours , si elles ont besoin de nouvelle nourriture , et on ne dérange rien jusqu'à ce qu'on leur en donne de nouveau. On maintient cette bouteille , dans cette situation renversée , avec de la terre molle , ou humectée par l'eau qu'on place tout autour du goulot, sans y laisser aucun jour pour sortir ni pour y entrer. Au moyen de quoi les mouches du dehors ne s'aperçoivent de rien , et ne viennent pas tourmenter les domiciliaires. Cette façon de les nourrir est excellente dans cette-saison.

Si on approche de la saison de l'abondance des fleurs, au lieu de leur donner à-la-fois beaucoup de nourriture dans des bouteilles, on se contente de leur en donner tous les jours où elles ne sortent pas, plein le vase d'une pipe, dont on introduit le bout du manche dans la ruche. La liqueur coule et tombe sur les rayons où les abeilles la prennent. Si la ruche est fort peuplée, on leur en donne deux pipes, en laissant un quart-d'heure d'intervalle entre la première et la seconde. Il faut toujours avoir soin de ne laisser qu'une petite porte aux ruches, qu'on est obligé de nourrir, pour ne pas donner le moindre prétexte au pillage, contre lequel on ne sauroit trop se précautionner en tout temps, mais surtout au printemps, où le défaut de récolte, et par conséquent l'oisiveté les engage à aller se visiter l'une et l'autre, et les plus fortes à attaquer les plus foibles.

On peut aussi les nourrir dans cette saison, en introduisant sous leur ruche des morceaux de gâteaux où il y a du miel; mais il faut alors relever la ruche avec une hausse dans laquelle on arrange ces gâteaux, comme il convient. Cette façon, quoique bonne, ne vaut pas encore celle de leur donner cette nourriture par le haut de la ruche, comme on vient de le dire. Les hommes de campagne les nourrissent de différentes fa-

çons , selon l'idée de chacun d'eux ;
mais toutes sont sujettes au pillage. Ils
font aussi différentes compositions que
j'ai éprouvées toutes ; mais celles qui
viennent d'être détaillées m'ont paru
préférables , et je ne leur conseille
point d'en risquer d'autres. Mais
une attention essentielle est celle de
ne pas attendre à les nourrir, qu'elles
manquent totalement de nourriture ;
outre qu'elles pourroient périr d'inani-
tion , on ne peut pas savoir au juste
quand elles en manquent totalement.

Pour savoir, autant qu'il est possible ,
si elles en ont encore un peu, on enfonce
dans divers endroits , et principalement
sur le devant de la ruche , un fil d'archal , qui , en traversant les gâteaux ,
vous indique en le retirant, s'il y a du
miel ou non. Si c'est une ruche de bois,
on fait avec une vrille plusieurs trous
par où on passe le fil d'archal. Mais dès
qu'on croit qu'elles peuvent en manquer
bientôt , on doit leur en donner. Il vaut
mieux leur donner deux ou trois onces
de miel de plus que de les voir mourir ,
faute de nourriture. Sans compter que le
miel que vous leur donnez de trop n'est
pas perdu , elles le déposent dans leurs
cellules.

CHAPITRE XXVII.

Du temps propre à visiter les Ruches après l'hiver.

IL n'y a point de temps fixe, de jour déterminé pour visiter les ruches après l'hiver. Jusqu'au premier de février, pour les parties septentrionales de la France, on ne doit pas toucher aux ruches, à moins que vous n'en ayez quelqu'une à laquelle vous ayez lieu de craindre qu'il ne manque du miel ; encore ne devez-vous en avoir de cette espèce qui puisse en manquer avant le 25 de janvier.

Quant aux endroits ou aux climats plus chauds, on doit se régler selon le plus ou moins de chaleur du canton ou du climat qu'on habite. Je crois, par exemple, qu'en Provence elles doivent commencer à sortir dès le 15 ou 20 de janvier ; en Italie, plutôt encore.

Quant à la plus grande partie des endroits situés en France, et même en Hollande, c'est ordinairement vers le commencement de février qu'elles sortent, s'il survient un temps assez doux pour les y engager.

Le jour même de leur première sortie,

vous n'y toucherez qu'au soir, pour ne point les troubler ni les refroidir. Mais le soir du jour où vous les aurez vues sortir en assez grande quantité, vous visiterez vos ruches, en les ôtant chacune de sa place, que vous nettoyerez bien avec un petit balai. Comme à cette première sortie elles ne sont pas encore bien vigoureuses, après avoir balayé la place qu'elles occupent, vous les y reposerez tout de suite, et vous baisserez sur la planche celles que vous aurez élevées de trois lignes tout autour avant l'hiver, parce qu'alors il n'y a plus de fortes et longues gelées à craindre. On peut cependant laisser encore élevées jusqu'au mois de mars celles qui sont très-peuplées.

Si cependant vous en aperceviez quelques-unes dont la porte fût bouchée par la quantité de mouches mortes qui s'y trouveroit, il faudroit balayer la place de celles-là tout de suite.

Le lendemain de leur première sortie, ou le jour de leur seconde sortie, et toujours au soir, ou quand elles sont toutes rentrées, vous visitez vos ruches de nouveau; vous soulevez de quelques pouces le devant de la ruche, pour voir ce qui s'y trouve d'ordures, de mouches mortes, pour les ôter avec les

barbes d'une plume. Si vous vous aper-
cevez que le bas des couteaux soit moisi,
vous coupez le moisi avec un couteau
bien affilé ; après avoir ôté tout ce qui ne
doit pas y être, vous remettez la ruche
à sa place, et vous n'y touchez plus.
Seulement vous donnez de la nourriture
à celles que vous croyez devoir en manquer bientôt, ainsi qu'il a été expliqué
à l'article précédent. —

Il ne faut point laisser d'humidité sur
la planche où posent les ruches. Quand
il y en a, on racle la planche avec un
couteau, et on l'essuie ensuite avec une
poignée de bon foin ou de paille.

CHAPITRE XXVIII.

Du Miel. De ses différentes espèces. Façon de l'extraire des rayons.

Tous les miels ne sont pas égaux. Il y a beaucoup de choix. Il doit être épais, grenu, clair, nouveau, lourd, transparent, d'une odeur douce et agréable un peu aromatique, d'un goût doux et piquant. Il faut préférer le blanc ou le pâle au plus foncé, celui du printemps et de l'été à celui de l'automne, celui qui écume peu en bouillant à celui qui écume beaucoup, l'âcre doux à celui qui n'a que de la douceur, enfin le miel d'une médiocre odeur à celui qui en a une trop sensible, et qui est ordinairement falsifié par le moyen de quelques herbes fortes qu'on peut y avoir mêlées.

En général les plantes sur lesquelles les abeilles vont le chercher, lui donnent des odeurs et des qualités plus ou moins estimables. Entre les blancs, celui de Narbonne est regardé comme le plus délicieux, à cause de la chaleur du climat et de la quantité de romarin et de mélisse qu'il y a aux environs de cette ville. Celui de Champagne passe

pour le meilleur des jaunes, parce que
assez généralement le terroir y est sec,
et les herbes fines et aromatiques. Celui
des pays les plus gras n'est pas le plus
estimé. Il y en a qui ont peine à s'é-
paissir, et qui restent toujours liquides ;
ce qui dépend des années plus ou moins
pluvieuses. Le miel, quoique liquide,
peut être bon, mais la plupart de ceux
de cette espèce ne le sont pas ; ils ont
un œil louche ou sont troublés ; mais
comme nous ne pouvons pas changer la
nature des plantes qui nous environnent,
il faut les prendre comme elles sont, ou
plutôt le miel comme elles le donnent.
Cependant lorsque votre miel reste liquide, ce qui n'arrive guère que vers la
partie supérieure du vase dans lequel il
est renfermé, on dit qu'en le battant
bien avec les mains, ou avec une spatule de bois à la fin, il s'épaissit et
blanchit. Il s'y forme alors une espèce
d'ébullition ou de fermentation. « J'ai
« toujours observé, dit un auteur, que
« dans les années pluvieuses le miel s'é-
« paississoit bien plus vite, et qu'il étoit
« beaucoup plutôt pris que dans les an-
« nées sèches «. En général, plus il est
épais ou dur, plus il est estimé.

CHAPITRE XXIX.

Façon d'extraire le Miel des rayons, tirée de Duhamel du Monceau.

J'AI préféré la façon indiquée par M. Duhamel à celles que j'ai vues dans différents auteurs, parce qu'elle m'a paru plus courte, plus claire, moins verbeuse et moins embarrassée.

A mesure qu'on ôte les rayons des ruches, on met à part les gâteaux qui ne sont pas bruns ou noirs, ainsi que ceux qui ne contiennent point de cire brute et de couvain. C'est ordinairement sur les côtés des ruches que se trouve le plus beau miel. Celui du centre n'est pas aussi parfait. On passe légèrement un couteau sur les gâteaux pleins de beau miel, pour rompre les couvertures des alvéoles, et emporter le miel épais, qui se trouvant immédiatement sous ces couvertures de cire, empêcheroit le miel liquide de s'écouler. On rompt ensuite les gâteaux en plusieurs morceaux ; on les arrange dans des vases de terre percés par en bas, ou dans des corbeilles, ou sur des claies d'osier, ou sur une toile de cannevas tendue

tendue sur un châssis, ou enfin sur une toile de crin.

Le plus beau miel, celui qu'on nomme miel vierge, coule peu à peu de lui-même, comme de l'huile dans les vases de terre vernissée qu'on a soin de poser par-dessous pour le recevoir. Comme il faut un air chaud, ou tout au moins doux, pour faire couler ce miel, il seroit à propos, lorsqu'il fait froid, de tenir les rayons dans un air tempéré, au moyen d'un poêle ; mais ordinairement ces opérations se font dans l'été. Si l'air étoit trop chaud, le miel deviendroit trop liquide.

Quand on a ainsi retiré le premier miel, on brise les gâteaux avec les mains, sans les pétrir : on y joint ceux qui sont moins parfaits, ce qui produit du miel de moindre qualité, dont la couleur jaune est causée par une petite partie de cire brute produite par la poussière des étamines des fleurs, mêlée d'un peu de miel, et dont plusieurs alvéoles se trouvent remplies.

Quelques-uns pour retirer ce second miel, passent légèrement les gâteaux à la presse ; mais ce miel est moins pur, et il contracte un goût de cire.

On met ces différents miels dans des pots, que l'on tient dans un lieu frais : ils

y fermentent, et jettent une écume mêlée de la poussière des étamines, qui par
sa légèreté se porte à la surface. On a
soin d'enlever ces substances étrangères,
avec une cuillère. Lorsqu'on a l'attention
de bien trier les gâteaux, ce second miel
est encore bon.

Enfin on pétrit entre les mains les
gâteaux vieux et nouveaux, même ceux
qui contiennent de la cire brute, ayant
seulement attention de ne pas y mettre
les rayons qui contiennent du couvain ;
si par négligence il s'en trouvoit, il feroit
fermenter le miel : il s'aigriroit plus ou
moins, suivant la plus ou moins grande
quantité qu'il y en auroit, et il perdroit
de sa valeur.

On forme avec les rayons une espèce
de pâte, qu'on met sous la presse ou au
fond, pour en retirer le miel commun,
miel à lavement. On ne met ces couteaux
au four qu'après qu'on en a retiré le
pain, ou un peu avant, si on avoit lieu de
penser qu'il ne fut pas assez chaud. Pour
déterminer le miel à couler, il y en a qui
humectent cette espèce de pâte avec une
petite quantité d'eau chaude ; mais il faut
prendre garde de le noyer.

Si cette eau étoit trop chaude, elle pourroit tellement attendrir la cire, qu'une
partie se mêleroit avec le miel, ce qui

causeroit une perte , en ce que la cire est beaucoup plus chère que le miel.

On dépose ces différentes espèces de miel dans de petits barils , ou dans des pots de grès , pour les vendre aux épiciers. Quelques-uns y mêlent de l'amidon ou de la fleur de farine , mais il est facile de reconnoître cette fraude , en mettant fondre le miel dans de l'eau claire : alors la farine la rend laiteuse. On fait cas du miel, qui en bouillant, jette peu d'écume. Le miel de sarrasin , ou blé noir vaut beaucoup moins que le miel ordinaire , et il a ordinairement peine à se figer.

CHAPITRE XXX.

De l'Hydromel. Façon de le faire.

C'EST surtout en Flandre qu'on fait beaucoup d'hydromel, et où il s'en fait une grande consommation. Il s'y trouve beaucoup de marchands de cette liqueur, qui ont tous chacun leur façon de la faire, qu'ils conservent précieusement pour leur famille, et dont ils ne font part à personne. Mais il y en a de plus ou moins bonne. On prétend qu'elle est très-bonne pour la santé, principalement lorsqu'elle est vieille, ou qu'elle a sept à huit mois et plus.

Celle dont l'auteur va donner la composition, passoit pour la meilleure du canton.

Vous prenez tous vos couteaux, quand le miel en aura découlé, soit que vous l'ayez ou que vous ne l'ayez pas mis au four ou à la presse : vous les mettrez dans un grand chaudron de cuivre, ou de fonte de fer, où vous aurez fait tiédir de l'eau bien nette ; l'eau de fontaine, ou de rivière est la meilleure : Vous retournerez bien tous ces couteaux dans votre chaudron, avec les mains nettes, ou avec un bâton ; et vous les y laisserez l'espace d'une heure ou deux.

On peut faire de l'hydromel plus ou moins fort ; le plus fort se conserve le plus long-temps. C'est le goût ou les circonstances qui décident ; mais si on veut pouvoir le garder douze ou quinze mois, vous mettrez dans la liqueur un œuf frais, s'il n'enfonce pas jusqu'au fond , il y a assez de miel ; il faut qu'il reste à-peu-près à moitié de la hauteur de la liqueur , sans enfoncer jusqu'au fond. Au reste le goût décide ici plus que tout le reste ; c'est à vous en goûtant la liqueur tiède , à voir comme vous la voulez, plus ou moins forte , plus ou moins sucrée. La prudence demande qu'on ne mette que peu d'eau d'abord , pour pouvoir en remettre ensuite , s'il n'y en a pas assez ; alors vous passez le tout au travers d'un linge blanc ou d'un fin tamis ; votre chaudron ne doit être rempli qu'aux deux tiers; car cette liqueur est comme le lait, elle s'enfuit hors du vase , quand elle bout. Vous mettrez ensuite votre chaudron sur un feu clair , et y ferez bouillir la liqueur à petit feu et sans fumée. Dès qu'elle commencera à bouillir, vous l'écumerez en diminuant le feu, de crainte que la liqueur ne sorte du chaudron : vous mettrez l'écume dans un plat: vos

H 3

enfants en feront des tartines , qui leur serviront de médecine : vous continuerez à faire bouillir à petit feu sans fumée , jusqu'à la réduction de près d'un tiers , c'est-à-dire , que si vous avez mis trente livres de liqueur , vous la laisserez bouillir, en l'écumant de temps en temps jusqu'à ce qu'il n'y en ait plus que vingt ou vingt-deux livres. Pour s'assurer mieux du degré convenable, lorsqu'on la veut bonne , et pour se conserver , on retire alors plein un petit vase creux de la liqueur , et on y enfonce un œuf frais ; il faut qu'il surnage , c'est-à-dire qu'il n'enfonce pas de plus d'un pouce dans cette liqueur , qu'il faut laisser refroidir auparavant , pendant deux ou trois minutes.

Alors vous ôtez votre chaudron du feu , et versez la liqueur , tout de suite, dans un vaisseau ou baril de bois bien net et sans mauvais goût. On peut attendre que la liqueur soit refroidie d'un quart d'heure et plus : Vous placerez ensuite votre tonneau débouché dans un endroit chaud , où aucune fille ou femme n'entrera pendant au moins trois semaines. la liqueur y bouillira, et vous remplirez le tonneau , à mesure qu'en bouillant comme le vin nouveau , le tonneau se désemplira. Pour avoir de quoi remplir, vous aurez eu soin de mettre de cette liqueur en reserve dans de petites bouteilles de demi septier ou environ, et qui ne serviront que pour remplir deux ou trois fois chacune. Si elles étoient plus grandes, la liqueur pourroit s'y corrompre; vous remplirez aussi les autres petites bouteilles tous les jours. A mesure que l'une est vide, vous en prenez une autre, qui sert tant qu'elle dure, à remplir et le tonneau et les autres petites bouteilles. S'il étoit question d'une quantité de cette liqueur, on proportionneroit la grandeur des bouteilles à celle des tonneaux.

Douze ou quinze jours après avoir mis votre tonneau à la cave, ou dans un endroit chaud, vous le boucherez légèrement d'abord, en enfonçant tous les jours le bondon de plus en plus, jusqu'à ce qu'il bouche parfaitement. Trois mois après, vous pourrez boire de cet hydromel qui peut, dit-on, se conserver bon pendant deux ans : s'il étoit plus foible, il faudroit le boire plutôt. Quatre mois après, on peut mettre cet hydromel en bouteilles comme le vin.

Il y en a qui ajoutent à la composition un peu de houblon, qui ne peut y faire que du bien. On n'en met qu'environ le tiers de ce qu'on en met pour la bière

forte, on le fait bouillir dans le chaudron
avec le reste, en l'enfermant dans un sac
de toile claire : alors après avoir ôté le
chaudron de dessus le feu, on le laisse
refroidir, jusqu'à ce que la liqueur soit
presque froide, pour pouvoir y laisser le
houblon plus long-temps.

CHAPITRE XXXI.

*Différentes façons de faire la Cire jaune,
et de la mettre en pains.*

LA première préparation de la cire consiste à la purger de tout le miel que la
presse ou la chaleur du four n'ont pû enlever. Pour cet effet on met l'espèce de
pâte, qui sort de la presse, tremper pendant quelques jours dans de l'eau claire,
et l'on a soin de la remuer de temps en
temps, pour laver la cire et dissoudre le
miel, ou comme on dit pour la démieler.
D'autres se contentent d'exposer cette
pâte au milieu du jardin, où les abeilles
auront grand soin de la démieler elles-
mêmes. Il la faut émietter, afin que les
morceaux n'en soient pas compacts.

La seconde et la plus importante préparation, s'exécute en la faisant fondre,
pour la passer dans un linge qui retient
les corps étrangers, et pour cela on met
dans un chaudron de cuivre ou de fonte
de fer, assez d'eau pour le remplir au
tiers. Quand cette eau est prête à bouillir,
on y met peu à peu autant de pâte de cire
qu'il en faut pour le remplir aux deux
tiers, en entretenant au-dessous un feu

modéré : l'eau en bouillant fait fondre cette cire, qu'on a soin de remuer souvent avec une spatule de bois, pour empêcher qu'elle ne s'attache au bord de la chaudière où elle pouroit se brûler. On ne remplit le chaudron qu'aux deux tiers, parce que, comme la pâte de cire gonfle beaucoup, elle se répandroit, si le vaisseau étoit trop plein.

Quand la cire commence à fondre, on diminue le feu, et quand elle est entièrement fondue, on la verse avec l'eau, sur laquelle elle nage, dans des sacs de toile forte et claire, et on la met aussi-tôt en presse pour exprimer la cire, qui est en fusion, ou bien on verse tout de suite la cire fondue dans la presse faite en forme de coffre ; la cire qui coule hors la presse est recue dans des vases, où il est bon de mettre de l'eau chaude pour que les crasses s'y précipitent.

Il ne faut pas laisser trop cuire la cire, qui deviendroit trop sèche, cassante et brune, défauts auxquels le blanchissage ne peut totalement remédier.

Quand on n'a point de presse, circonstance où se trouvent les trois quarts des bonnes gens de la campagne, on verse la cire fondue dans un sac de grosse toile neuve et forte, fait en forme de capuchon cousu à double couture ; on le trempe d'abord dans de l'eau chaude, et ensuite on le tord légèrement. Cette dernière précaution est pour empêcher l'eau qui en sortiroit, en pressant la cire dans le sac, d'incommoder en s'echappant avec violence, ceux qui seront chargés de cette manœuvre.

On attache une corde au sac d'une façon solide, et la corde à une poutre, ou à un gros clou en l'air, et on met dessous le vaisseau destiné à recevoir la cire fondue.

Pour presser ce sac ou capuchon, on se sert de deux bâtons, gros à pouvoir les empoigner à peine, bien polis et humectés avec de l'eau fraîche. On commence par presser le haut du sac légèrement en descendant promptement jusque vers la pointe, ensuite on recommencera la même opération, en serrant plus fort, et toujours ainsi jusqu'à ce qu'il n'y reste plus ou presque plus de cire.

Celle qui peut être restée dans le marc n'est pas perdue : on la retire par une seconde fonte et une seconde expression. Pour cela on jette dans des baquets, avec de nouvelle eau, le marc qui reste dans le sac, où il se démiele ainsi pendant quelques jours ; ensuite on le met avec de l'eau dans le chaudron, pour le traiter comme la première cire.

A mesure que ce qui est sorti du pres-
soir ou du sac se refroidit, la cire se fige
et elle se sépare de l'eau, d'où on la retire
par morceaux, et l'on enlève avec une
lame de couteau les saletés qui restent
attachées au-dessous de ces morceaux.
Ces crasses sont rejetées dans les autres
fontes. Ensuite pour en former des pains,
on remet la cire fondue dans la chaudière
ou le chaudron, avec de l'eau; et quand
elle est fondue et qu'elle a été écumée,
on la verse dans des terrines ou autres
vaisseaux vernissés, dans lesquels il y a
un peu d'eau. Ces vaisseaux doivent être
plus larges par le haut que par le fond :
la cire se fige, en se refroidissant, et elle
se moule en gros pains, telle qu'on voit
la cire jaune exposée en vente chez les
épiciers. Quand on les a retirés des
moules, on emporte encore avec la lame
d'un couteau, les saletés qui s'y trouvent
attachées, et on les reserve pour la première fonte.

CHAPITRE XXXII

ET DERNIER.

Autre façon plus expéditive de faire la cire jaune.

CETTE nouvelle façon est de l'invention de M. de la Rocca dans son *Traité complet des Abeilles*, dans lequel on en trouve le procédé. Il en a, dit-il, fait l'épreuve, qui lui a réussi. Comme elle seroit plus courte, plus facile et moins embarrassante, et même moins dispendieuse que les autres, nous avons cru devoir la mettre ici.

Nous avons mis, dit-il, dans un sac d'un cannevas suffisamment serré et fort, le tiers des rayons que nous devions faire fondre : nous croyons qu'une étoffe de laine un peu légère seroit excellente pour cette opération ; elle arrêteroit aisément les ordures, et se prêteroit avec facilité à la filtration de la cire ; et nous sommes persuadés que la cire seroit assez pure par cette première opération pour la mettre en pains, en la retirant du chaudron sans autre cérémonie. Il ne faut pas

que les morceaux de pâte de cire soient
durs ni pressés, mais bien éparpillés. Le
chaudron ne doit pas être trop grand ;
un pied et demi de largeur nous paroît
devoir suffire sans quoi la cire s'éten-
droit trop, et seroit plus difficile à ramasser avec la cuillère. Ce sac doit avoir
à peu près la forme d'un carton à man-
chon et se trouver un peu moins large,
et de trois ou quatre pouces plus court
que la largeur du chaudron. On doit
tenir ce sac au fond de la chaudière sans
y être pressé par un poids ou par une
force trop considérable. Il y a plusieurs
manières de la faire qu'il est facile d'imaginer soi-même. Une espèce de claie à
claire voie est bonne. On la tient en-
foncée sur le sac d'une façon ou de
l'autre.

On pose ce sac bien fermé avec de
bonne ficelle au fond du chaudron rempli d'eau, à deux ou trois pouces près.
Au lieu de l'enfoncer d'abord au fond
du chaudron, il suffit qu'il soit recouvert de deux ou trois pouces d'eau,
et on l'enfonce à mesure que la cire fond,
sans toutefois la presser fort en aucun
temps.

L'eau commencçoit à peine à s'échauffer, qu'on y vit surnager la cire, dont

la quantité augmentoit à mesure que l'é-
bullition se prolongeoit. Nous la ramas-
sions à mesure avec une cuillère à ragoût.
Mais on peut attendre à retirer la cire
que l'ébullition l'ait toute fondue. Alors
on descend le chaudron, on le laisse reposer un peu pour donner le temps aux
ordures de se déposer, après quoi on
la verse dans des écuelles ou vases
propres à cet objet. Si on s'aperçoit qu'il
soit resté de la cire ou au fond du sac
ou dans l'intérieur, on jette de l'eau
bouillante par-dessus. On peut même
la faire rebouillir un peu, afin qu'elle
emporte toute la cire et la fasse surnager.

Lorsque l'eau commencera à bouillir
pour la première opération, on dimi-
nuera le feu, de crainte que la liqueur
ne sorte par-dessus les bords.

Comme, lorsque l'auteur a donné ce
détail, il n'avoit fait encore cette épreuve
qu'une fois, nous laissons, dit-il, aux
gens instruits et industrieux à la per-
fectionner.

Ce manuel n'étant pas destiné
pour les manufacturiers qui blanchis-
sent la cire, mais uniquement pour les
cultivateurs d'abeilles, dont l'état se

borne à façonner la cire jaune , nous
avons pensé que le détail dans lequel
nous venons d'entrer étoit suffisant pour
cet objet.

TABLE
DES CHAPITRES
CONTENUS DANS CET OUVRAGE.

CHAPITRE I. Du choix des Abeilles. Achat des Ruches. Leur transport................... page 1

— II. Du transport des Ruches..... 8

— III. Construction et avantages d'un Rucher....................10

— IV. De l'emplacement des Ruches et du Rucher.................. 18

— V. De la position du Rucher, et des Ruches sans Rucher............20

— VI. Construction des Ruches, et leurs différentes espèces.........26

— VII. Des différentes espèces d'Abeilles qui peuplent une Ruche. Des Abeilles ouvrières.................31

— VIII. Des mâles Faux Bourdons ou Couveuses...................... 36

(186)

Cʜᴀᴘɪᴛʀᴇ IX. De la Reine ou
Mère. page 39

— X. Des Essaims qui viennent naturellement. 5o

— XI. Façon de recueillir les Es-
saims. 66

— XII. Des Essaims artificiels, ou façon de faire soi-même ses Essaims,
sans être obligé d'attendre qu'ils viennent d'eux-mêmes. 73

— XIII. Emploi des jeunes Reines. . 81

— XIV. Attentions à avoir pour cette
opération. 87

— XV. Autre Moyen pour former soi-
même ses Essaims. 92

— XVI. Ruches de M. Huber. . . . 100

— XVII. Façon de former des Essaims
avec les Ruches de M. Gelieu. . . 10,3

— XVIII. Attentions à avoir pour les
Essaims dans les premiers jours de
leur sortie, et ensuite. 112

— XIX. Des circonstances où il faut
hausser les Ruches, tant les vieilles
que les Essaims. 114

Chap. XX. Des circonstances où on doit dégraisser ou tailler les Ruches............................... page 117

— XXI. De la récolte du Miel et de la Miellée................................... 129

— XXII. Du Pillage.................. 134

— XXIII. Des ennemis des Abeilles............................... 141

— XXIV. Maladies des Abeilles.. 145

— XXV. Façon de mettre les Ruches en hiver............................... 149

— XXVI. Différents Moyens pour donner de la nourriture aux Ruches foibles et dépourvues de provisions suffisantes, et des différentes saisons où on doit le faire.................... 156

— XXVII. Du temps propre à visiter les Ruches après l'hiver.......... 163

— XXVIII. Du Miel. De ses différentes espèces. Façon de l'extraire des rayons.................... 166

— XXIX. Façon d'extraire le Miel des rayons, tirée de M. Duhamel du Monceau.................... 168

Chap. XXX. De l'Hydromel. Façon de le faire.................. page 172

— XXXI. Différentes façons de faire la Cire jaune, et de la mettre en pains........................ 177

— XXXII et dernier. Autre façon plus expéditive de faire la Cire jaune.. 181

F I N D E L A T A B L E.

De l'Imprimerie de Clousier, rue St. Jacques, N°. 30.

www.ingramcontent.com/pod-product-compliance
Ingram Content Group UK Ltd.
Pitfield, Milton Keynes, MK11 3LW, UK
UKHW021213140726